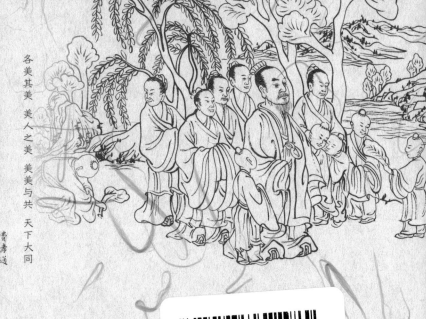

吾与点图

子路、曾皙、冉有、公西华侍坐。子曰：「以吾一日长乎尔，毋吾以也。居则曰：『不吾知也。』如或知尔，则何以哉？」子路率尔而对曰：「千乘之国，摄乎大国之间，加之以师旅，因之以饥馑；由也为之，比及三年，可使有勇，且知方也。」夫子哂之。「求，尔何如？」对曰：「方六七十，如五六十，求也为之，比及三年，可使足民。如其礼乐，以俟君子。」「赤，尔何如？」对曰：「非曰能之，愿学焉。宗庙之事，如会同，端章甫，愿为小相焉。」「点，尔何如？」鼓瑟希，铿尔，舍瑟而作，对曰：「异乎三子者之撰。」子曰：「何伤乎？亦各言其志也。」曰：「莫春者，春服既成，冠者五六人，童子六七人，浴乎沂，风乎舞雩，咏而归。」夫子喟然叹曰：「吾与点也！」

《论语·先进篇第十一》

欢笑微醺的饮者

吴祖光 编

为什么说"玉壶买春"就是买酒呢？

CS 湖南文艺出版社

图书在版编目（CIP）数据

欢笑微醺的饮者 / 吴祖光编 . —— 长沙：湖南文艺出版社 ,2019.6（生活美学馆）

ISBN 978-7-5404-9201-4

Ⅰ . ①各… Ⅱ . ①吴… Ⅲ . ①酒文化 - 中国 Ⅳ . ① TS971.22

中国版本图书馆 CIP 数据核字 (2019) 第 074178 号

本书部分文字作品稿酬已委托中国文字著作权协会转付，敬请相关著作权人联系。

电话：010-65978917，传真：010-65978926，E-mail: wenzhuxie@126.com

欢笑微醺的饮者

HUANXIAO WEIXUN DE YINZHE

吴祖光 编

中南出版传媒集团有限公司

湖南文艺出版社

出版人 曾赛丰

责 编 刘茁松

策 划 施 亮

湖南雅嘉彩色印刷有限公司

开本 880mm×1230mm 1/32 印张 12.125 字数 170 千

2019 年 6 月第 1 版 2019 年 6 月第 1 次印刷

书号 ISBN 978-7-5404-9201-4

定价 46.00 元

三高出版： 作品水平高 图书定价高 阅读兴致高

目录

序　吴祖光

舊德醉心如美酒

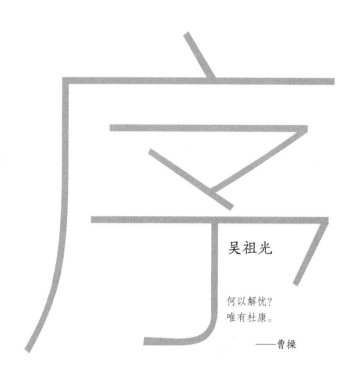

序

吴祖光

何以解忧？
唯有杜康。

——曹操

　　从很早的年代起，人类就与酒结下不解之缘。酒的
发明是聪明人的天才创造，她象征欢乐，亦体现哀愁；
能排解寂寞，更能给人幸福；因此她又是文学艺术的诱因和媒介，使人生诡奇美妙，多姿多彩。有鉴于酒对古人、今人、他人、个人的神奇魅力，我接受中国酒文化协会的委托主编一本关于酒的文集，暂定名为《解忧集》。凤仰足下文苑名家、酒坛巨将；文有过人之才，酒有兼人之量，敢祈惠赐宏文，抒写您与酒的一脉深情。为江山留胜迹，为儿女续因缘⋯⋯

　　1987年8月1日早晨八点钟，我家小小寒舍忽然有一位了不起的人物大驾光临，由于警车开道，扈从随侍，不仅蓬荜生辉，亦且四邻震动。虽然匆匆来去，为时短暂，却把素日见官胆怯的荆妻吓得一病几殆，也急得我几身冷汗。直到晚间妻子思想通了，心情恢复正常，才放下心来。想想为此着急亦属无谓，于是按照我原来的打算，在灯下草拟了上面的一纸为《解忧集》而作的征稿信。这封信是我在头一天定下在次日定要写完的，没有因为突然发生的事情而改变我的计划。

　　酒文化丛书编委周雷同志在这之前不久要我写一本关于酒的书，字数在十万左右，但是被我谢绝了。理由是我完全算不上是个嗜酒者，当个"酒客"都不够格，遑论其为"酒鬼""酒仙"乎？就如我一生当中为人处世一样，一贯都是被动应战而从未主动出击过。我喝白酒，约有半斤之量，但却没有自己独饮的习惯，都是在他人殷殷劝酒之下才举起酒杯来的。

回忆小时在家，父亲是有酒瘾的，晚饭时常常要喝点酒，贤慧善良的母亲能喝酒而很少喝；父亲喝酒会红脸，而母亲酒后脸更发白。我至今记得在我很小的时候父亲用筷子蘸酒，叫我抿一抿，我虽觉得很辣，但却能忍受，连眉都没皱一下。父亲很开心，夸我长大定会饮酒，母亲则反对这样"惯"我，而我心里很觉得意，像得了奖那样快乐。

父亲在家里请客的时候，喝酒时要划拳，平时温文尔雅的伯伯叔叔公公们这时扯开嗓子叫得一片山响，小孩们当然只能趴在门缝往里看，也感到特别高兴。

至今给我留下非常深刻印象的是我家邻居住着一个拉洋车的老王大爷，他是一个孤老头，我上了中学之后，每天下学回家，和一群同学在大门外一片空场上踢小皮球玩的时候，王大爷也拉了一天车回来休息了。他常常端一个白瓷茶杯，拿一包花生米，杯里装白干酒，坐在我家大门前雕刻着兽头的上马石上。把花生米放在衣袋里，喝一口酒，吃一粒花生米，还把花生米去了皮，一扔老高，然后仰起头张开嘴，花生米稳稳当当落进嘴里，扔得非常准，从来没见他失过手。这一手绝技让我和同学们看傻了，连球都忘了踢。然而最叫我不能忘记的是那一阵阵白干酒的香味，怎么那么好闻！到我长大之后，自己也能买酒宴客的时候，即使饮的是茅台、五粮液、特曲、大曲……总觉得似乎也比不上王大爷的廉价白干酒香。

在日寇侵华战争的前一年，我以偶然的机缘参加了一项工作，从此便离开了我只读了一年的大学，再也不能恢复孜孜以求的学子生涯了。"误落尘网中"，一去竟逾半个世纪，老王大爷的白酒回味犹有余甘；而我自己至今尚不知品酒，更没有酒瘾，想想深感惭愧。

但即使如此，我的一生酒史当中竟有三次大醉，使我永远难以忘记。那就是每次醉后都十分难受，像害了一场大病一样。

zhahzhdn
zhdhzhzhz
hzhzhhzhd

004

hzdhzhzhz
hzhzhzhzd
zhazhzhzb

第一次是在1943年我随一个话剧团从抗战陪都重庆来到成都，全团演员及工作人员七八十人住在五世同堂街华西日报社内，过集体的游牧生活。行装甫卸，还没有完全安顿下来，却有友人来访，是由某位长者介绍相识不久的中年人、新任的四川一位县长。他初掌县篆，春风得意，正在和我高谈阔论之时，跑进来一个剧团的女演员，进门也没打招呼，就跑到这间集体宿舍的屋角她自己的床铺前脱下外衣和罩裤，换起服装来。我发现这位县官老爷不断地扫视正在更衣的女郎，话也不说了。直到姑娘换好衣服又匆匆跑出去他才恢复了正常神态。看来他明明是被女演员的风姿镇住了，但是对我说的第一句话却是："你们的生活真是浪漫主义啊！"这句话本不算什么，但不能容忍的是他那低俗的语气和表情，这使我想起当时社会上有那种对戏剧界的轻薄、鄙视的歪风邪气，而对这位友好的来客我竟想不出用什么语言来回答他。

　　热情的县太爷可能发觉了我的不快，极力邀请我一同晚餐。川菜举世无双，那家餐馆——"不醉无归小酒家"，每只菜都做得精美无伦，我闷着头喝闷酒，不知不觉两个人喝了一斤宜宾五粮液，在这之前我从来没有喝过这么多。出门时县长给我叫了一辆人力车，我回到五世同堂下车后只觉得两条腿完全软了，两只脚踩在棉花堆上一般，东摇西晃地跑进自己住的那间水阁凉亭——是用布景片搭起四面墙和门窗的简陋房间，衣服都来不及脱，倒在床上便人事不知了。直到第二天中午才悠悠醒转，浑身瘫软，有如生了一场大病一般，至少到三天以后才逐渐正常。这是头一次让我领教了酒的威力。

　　1947年秋天，我从全国内战爆发的上海匆匆出走到香港，应聘就任一家电影公司的导演，住在公司总经理蒋先生在九龙界限街的住宅里。同时住在这座宽大的花园洋房二楼上的还有作曲家陈歌辛，著名的女明星孙景路、李丽华、陈琦、陈娟娟（和她的形影不离的婆婆）。

　　总经理在那年冬天举行过一次宴会，在楼下餐厅内摆了两桌酒席，大部分是公司内外的电影从业人员。很多人都会闹酒，筵席上又是划拳，又是敬酒，十分热闹，小咪李丽华和孙景路尤其叫得厉害。对于喝酒，我从来是不积极的，但是在这一顿晚宴里，我竟被灌得烂醉如泥，耳边只听见娟娟婆婆的一口四川话说道："吴先生真好酒品。看，他喝醉了一声不响……"又听见她对别人说："他醉了，不要再叫他喝了。"从这以后我便再也没有感觉，直到第二天醒来，发现我睡在二楼房间里自己的床上，头疼得很厉害，我苦苦地寻思，才想起昨天晚上参加的这场宴会……最不可解的是我全身换上了睡衣，不知是谁给我换的衣服，脱下来的衣服全都好好地放在墙角的沙发上，这件怪事我连问都不敢问，至今不知道这个细心的好心照顾我的人是谁。当然，像生了一场大病的那个难受劲儿和头一次醉酒完全一样。

　　1956年是我回来做了我既不胜任又不情愿的电影导演的第七年。我最后拍摄的一部电影是已故周恩来总理下达任务的著名京剧演员、四大名旦之一程砚秋先生的名剧《荒山泪》。这个我本来极不想接受的任务由于可爱的天才艺术伙伴程砚秋先生的有效的、愉快的合作而给了我极大的安慰和幸福。热情的、坦率的程先生在摄制工作完全结束的那天忽然提出要由他个人设宴招待摄制组的全体人员，并且一言既出便绝对不能辞谢的。酒席设在颐和园的听鹂馆。

程砚秋先生，这位京剧大师，专工青衣，以扮演贞淑烈女，尤以悲艳形象为擅长；程腔的幽怨哀思，缠绵婉转，至今为京剧旦角唱腔艺术的巅峰。而在生活中已临近老年的程先生早已失去往昔的苗条纤细的身材而成为虎背熊腰的彪形大汉，经常口衔比手指还粗的雪茄烟。在这个宴会上，所有比他年轻的客人又发现他是个豪饮无敌的酒家。那天程先生十分高兴，对每一个客人频频劝酒，而我成了他对饮的第一人，结果是待到宴会结束，我连路都走不动了。

由于很多人都醉成了我的模样，那天大家都乘坐了一只大游船穿过昆明湖，然后走出颐和园的大门的；其中唯独我一个是仰天平躺在船头甲板上，眼望蓝天上的白云。后来是怎么回家的，也是至今不知道。

我的醉酒史只有三次，到此为止，再未醉过，弹指不觉三十二年了。我想，在我的有生之年将不会再醉第四次，因为每一次醉后的那几天实在是十分难过。

前面我说过，提起饮酒感到惭愧。为什么呢？只缘半世未断饮酒，而从来没有领略到酒之佳趣何在，以至于分辨不出茅台、五粮液、特曲、头曲、大曲、二曲……之区别，喝酒时未觉过美，喝醉时苦不可言……饮至微醺似乎也有点陶然之味，但舌头却要被辣多次，所以终于未能养成自斟自饮的习惯，辜负了连年以酒相赠的友情。

因此，我内心真是羡慕那些嗜酒如命的朋友们。记得1956年著名的词章家许宝驹先生突然来访，并拉我去逛琉璃厂，两人沿着琉璃厂街的古玩店、旧书店一家一家地浏览、闲步，大约一个小时以后我忽然发现宝驹先生讲话时舌头有点大，看他的脸也红了起来，而在我家未出发之前完全不是这个样子，真叫人纳闷，不知是怎么回事。这引起我的注意，才发现他在观看墙上的字画时，伸手从衣袋里掏出一个扁平的酒瓶，打开盖，喝一口，又盖上送回衣袋里了。我想，这才真叫酒瘾发作吧？而我确是未之前见。分手时我感到先生已迈步不稳，是我送他回家的。

chichchichi
chichichichi
huhuhuhu

009

hahahaha,
chichichichi
chichichichi

还记得在香港时，有一次电影界聚会，敬酒罚酒几成一场混战，好多人都喝醉了。明星陶金醉得寸步难移，由于家住九龙，要乘轮过海，但陶金被剥夺了买二层楼轮渡票的权利，因为他是被人抬上船的，被抬着的东西只能作为货不能算人，大家只好给他买了货船票过海。大英帝国执法如山，毫无通融余地。

1949前的多年好友、话剧作家宋之的，好酒成癖，后来发展到每饭必酒，后终以长年贪饮，引起肝硬变，不治而逝，正值壮年，令人思之伤感。

当然也有例外，在好友行列之中的杨宪益先生，当代英文权威，而且是学贯中西，旧体诗下笔成章作得呱呱叫。以我有生经历而言，他当得起是当代第一名的酒家。只要你走进杨家客厅，首先是倒一杯酒待客。喝到吃饭的时候，饭桌上再是一杯一杯地喝酒。饭后回到客厅，再喝第三次酒。看来宪益先生对于水已不需要，而全以酒代之。英籍夫人戴乃迭与宪益有同好，对座对饮是两夫妻的正常生活；真乃是天配良缘，幸福家庭。已经有医学界的专家看准了杨宪益先生这个对象，打算在适当的时候解剖检查先生身体里的酒精含量，查一查他具有什么超人的特异功能使能致人死命的酒精无奈他何！

鉴于衮衮诸公之嗜酒，反顾我行年七十而不知酒中之趣，实为天生鲁钝，缺少慧根而绝不是酒之过。中外历史上酒仙酒神不计其数，酒终于是人类的天才创造，所以在我发出不足百份征稿信之后，竟收到宏文五十余篇，篇篇充溢酒香，令人愧感。不少作者除著文之外，还给我写了信，铭记下这一历史时代的厚意隆情，使人永不能忘。

集子的名字取为《解忧集》曾使我斟酌再四。杨宪益大师信中说："喝酒只为了好玩，无忧可解。"他是反对这个题目的。但我回信给他说："忧国忧民，得无忧乎？"他也就不再反对了。而且写了文章。

文章以收到先后为序。

一九八八年春节

注：本书初版，名《解忧集》，本次再版时更名，收文略有增删。

就戏谈酒

韩羽

> 酒，不仅能言平素之所未言，且能写平
> 素之所未写。

唐明皇驾幸西宫，找梅妃卿卿我我。杨玉环醋意大发，于是"看大杯伺候"。看来，酒乃碱性之物，宜解酸也。

以《醉打蒋门神》《醉打山门》来看，酒又是壮胆之物，如无酒，武松未必敢打蒋门神，鲁智深亦未必敢打山门。如谓此言不确，请诸公去《水浒传》里亲自问武、鲁二人去。如无酒，恐武、鲁二人将曰"考虑考虑，研究研究"耳。以此推想之，今之空喊"考虑""研究"，皆因无酒，过分清醒故也。

酒，又可言平素之所未言。请看《煮酒论英雄》，喝着喝着终于喝出"今天下英雄，惟使君与操耳"来了。

据此，不妨小试之：令开批判会者，且先浮一大白。

酒，不仅能言平素之所未言，且能写平素之所未写。《太白醉写》，三杯酒落肚，不写唐诗而写起蛮书来了。到底写何蛮书？未有卷宗可查。元人姚燧者，却透出个中秘密，其在《落梅风》一曲中唱道："写着甚？杨柳岸，晓风残月。"

酒之最妙者，莫过《斩黄袍》。曾闹过勾栏的"真龙天子"赵匡胤，斩了大将郑子明，立即高唱西皮二六："孤王酒醉桃花宫"，"寡人酒醉将你斩"。"唱"外之意：你郑子明找酒算账去，找我不着。未闻今人复有言"鄙人酒醉办公室"者，而强调客观云云，则司空听惯。看来，酒为"客观原因"取代矣。

借题话旧

方成

> 越觉寒酸越感有趣，大家又说又笑，兴
> 高彩烈地闹了个通宵，其乐也，不下于山珍
> 海味满汉全席。

上中学时，我是老老实实的好学生，不吸烟，不喝酒，除了一次夜里在宿舍偷偷赌牌九，被训育主任抓获之外，再没记过大过。进了大学，因为画漫画，同艺相怜，交了个刻木刻的朋友，他叫季耿。他留着长头发，一派艺术家风度，既吸烟，也喝酒。两人把酒谈心，渐渐知道他刻镰刀锤子（他叫"镰刀斧头"），刻受苦人，是他在重庆时，王大化教他的；也渐渐使我学会喝酒，酒量也渐长起来。他还是同学中最出名的话剧导演，拉着我参加"抗研会"（全名"抗战问题研究会"，共产党领

导的学生组织）的演出活动。有一次，七个同学在一起吃东西，有他在，总忘不了酒。杯酒下肚，谈得高兴，他提议也和别人那样，办一份壁报。这壁报每周一期，每期必有他一幅木刻或是画，有我一幅漫画，一直办到我们毕业才停止。我画漫画的基本功，和喝酒的本事，就是在这两年多时间里练出来的。那时大学生多从沦陷区来，无经济来源，靠学校贷金度日。过春节时，恰遇大家都十分手紧。于是几个人凑钱打了半瓶酒，买一包炒花生米，聚在宿舍里呼五喝六划着拳喝起来。因为酒少，便一反常规，是赢家才喝一口，准吃花生米半颗。那时也怪，越觉寒酸越感有趣，大家又说又笑，兴高彩烈地闹了个通宵，其乐也，不下于山珍海味满汉全席，至今使人怀念。我们七个人，季耿在1957年被错划，从北京调去赤峰山区矿里，待再调去邯郸时，他已身患癌症，不久就去世了。另一个也在1957年出事，在"文革"中又被打成反革命，戴着手铐脚镣坐了几年牢，平反出狱后，到大学教书去了。还一位在"文革"中被"革"掉了性命。又一位上美国留学，贫病而死。其他两位至今不知去向。

我们是同学兼壁报和演戏的共事者，还是酒友，但现在想起令我黯然神伤。

1950年我在报社工作，晚间读夜校学俄文，在班里结识了画友钟灵。他经常在下课后，随我到报社，帮我画刊头，写美术字，这是他的拿手功夫。画完常去喝酒。他是货真价实的"酒徒"，但好酒却不使气。在抗美援朝期间，我俩合作漫画，多在他家。一开始，准备纸笔之外，又备酒和肴。作画完成，立即移席摆酒谈心议事，待到微醺，舌头发硬，眼皮发沉，才收拾了去睡，这已成惯例了。现在我们都已年逾花甲而近古稀，他酒瘾如故而酒量却一年不如一年。十年前，我不幸丧妻。春节时，他和丁聪、戴浩、白景晟、韩羽、狄源沧各携菜酒，陪我共度佳节。钟灵才喝不足半斤，便烂醉如泥。我们把他抬到床上仰卧，让他怀抱一张小板凳，放上几个酒瓶，然后列队在一旁垂首站立，请老狄拍了一张未亡人《遗体告别图》。记得侯宝林曾来，因事早离，未参加此盛典。1986年，我们两人为《邓拓诗文集》这本书画封面。他起了个草稿赶来，两人商议改画加工。饭后天已全黑，画是明天必须交稿的，时间紧迫，他却说："喝两杯再动手。"我说："喝得晕头转向，可画不好。"他说："一分酒一分精神，没事！"我只好让他喝两杯，接着还要，再添一杯。只见他说着说着，就溜到地上，躺下了，鼾声阵阵。我无可奈何，叹了口气，把他扶到床上。这画，只好自己动手了。待到清晨两三点钟，他醒来见灯光通明，忙爬起来抢过笔去。这时他已清醒，两人画了一个多小时，终于按期交稿。

今年七月，我从深圳回来，听说他生病住院了，患的是脑血栓，嘴歪了，说不出话。我和谢添约好同去看望。我先到，找到他住的病房时，只见他正坐在椅子上，和同房病友放开嗓门在说话呢。回头一见我，忙把椅子让出来，推到电扇下面给我坐，高兴得嗓门加大几分。他刚做了一个疗程，嘴已得改正，待谢添来到时，已说了一大车话了。脑血栓，这病非同小可，他却笑着说："栓别人行，栓不住我！"但他也明白，这病对他是个警告：不能再喝了。他曾有几回戒酒的纪录，也几回摔断腕骨和肋条，然而"屡教不改"，足见酒的诱惑力之强，非得把贪杯的嘴弄歪，才使人惊悟。

话说回来，被酒迷得如此之深者，究竟极为少见。酒能醉人，几杯下肚，酒力使人层层卸甲，裸现真心，倘非有诈，这样把人间隔阂化开，距离拉近，却是常情。我在天津遇韩羽，上海见张乐平，都是由杜康介绍相知的。50年代初，华君武是人民日报美术组组长，我是他属下组员，两人喜欢夜间跑到报社左近东华门大街旁的小吃摊上喝酒，无话不谈。后来组里人员增多，机构扩大。事情一忙，再也没去了。后来他调到美协，更少见面，但小吃摊上的旧情仍在，有时去他家，往事重提似的，端上酒来，接着谈下去。

有一回，姜昆相邀，到他家吃饭。进门一看，范曾和王景愚已在座，都是我们朝阳区团结湖的近邻。原来有人送他一瓶法国白兰地，听说价值120元，姜昆舍不得喝，便招我们来共享，举行开瓶大典。事情平常，但觉有趣，每人只喝两三杯。酒味如何，早已忘记，但一想起来，还油然为之神往。

在酒席上，中国有许多助兴的游戏。古时行酒令，是文人的习俗，没点旧学是行不来的。我们常见的是划拳、击鼓催花和碰球之类的谁都会的玩法，联句就难一些。最流行的是划拳。现在的饭馆，尤其是高级些的饭店都有明示：禁止划拳。因为划拳喧闹扰人，许多人又常闹得放浪形骸，令人生厌。倘在家里，或其他不扰人的场合，划拳是很有趣的，能使人乐而忘形，倍增酒兴。我是不赞成硬灌人酒的，通由自便，只钟灵无此自由，他喝得差不多，我就会下禁令，所以他在我家吃饭，夫人马利最放心。

老伴陈今言去世后，我终夜失眠。因不愿常吃安眠药，便以酒浇心，趁微醺入睡。久而久之，养成睡前饮酒的习惯，一至于今。现在喝的是度数很低的黄酒，饮量也有限，取其利而避其弊，是合乎养生之道的。

不久前，山西人民出版社惠寄几本《杏花村酒歌》来，集的是古今杏花诗章，其中有我的一句，当然不是诗，仅四个字："大闻酒名"。那是 1984 年 7 月，我到杏花村酒厂参观时，厂党委书记迎了出来，经介绍后，他笑对我说"久闻大名"，我也笑对他说"大闻酒名"，引众人一笑，这四个字就是这么说出来的。书记一高兴，赏我一大杯汾酒陈酿，至今仍留酒香。

我从事造型艺术创作，不善于写文章，要写只限于叙事，毫无文采。祖光大师嘱写以酒为题的文章，不敢有违，写出的无非是因酒引起的一些片断回忆。文中对钟灵兄有失敬处，我和他是30多年挚友，知他为人宽厚，不会怪罪，才敢放肆挥笔。但我还得先在此道歉。倘他看后能从此滴酒不沾，我给他磕三个响头，也心甘情愿。

meixushm
meixshqing
xihsihalxel
009
uznplxxed
 plxskxkxel
mzhsxhule

无酒斋闲话

姜德明

> 何独巴蜀女子善饮，那还得留待专家们
> 去考证了。

平生不善饮，从来不知酒滋味，也无缘与酒仙李白攀附了。憾甚。

年幼时，夏天在邻居客栈的大门洞里乘凉，我常常看到栈房老板手中的折扇上写着四个大字："酒色财气"。那是劝人引以为戒的。

待我长大了，偏偏看到很多人都躲不开这四个字。就说这位客栈老板吧，不是常常喝得脸红红的，满口酒气？讲起嫖经来，他又头头是道。在烟花巷里确也有几名相好的。至于他逼迫起穷房客，那冷酷的手段恰可证明了财主的本色。只是，这个人不爱生气，惧内出名，当着街坊们的面，他太太骂他也不敢还口。实在忍耐不住了，爱说："这是何必，这是何必呢！"

父亲是爱喝酒的，每顿饭几乎都要喝一点白干。他喝多了酒，不动武，不骂人，也不去睡闷觉，专爱对子女们发表"演说"，内容大体都属于"家教"。同样的演词不知已经讲过多少遍了。什么民国六年闹大水，他怎么跟乡亲从鲁西北逃到天津……为了怕将来自己也变成"演说家"，我不敢喝酒。

有一次闯了个不大不小的祸，从此更不愿接近酒了。

一位亲戚给父亲从有名的大直沽送来一瓶好酒，用的是可装四斤的那种大瓶子。为了逞能，亦是邀功，我抢过瓶子，提着瓶口就往家里跑。糟了，绳子忽然滑脱，酒瓶摔了个粉碎。街上酒香四溢，至少有好几家店铺的人都闻香而出，并看我当街出丑。我吓呆了，准备着受一场严惩。我不记得那惩罚是怎样的了。总之，直到现在，我已年近花甲，只要一碰上拿瓶子，五个指头便把瓶口抓得紧紧的，另一只手总还要托着瓶底儿，唯恐重演童年时的悲剧。家里人时常笑我小题大作，可他们哪里知道我当年心惊肉跳的教训。酒，害得我好苦啊。

　　朋友见我对摆在面前的茅台竟无动于衷，有的说我发傻，有的判断我肚子里没长酒虫子，这辈子大概没什么出息了，更算不得男子汉。我没抗议过，默认，服输了。我还暗自称幸，想到同事当中还有几位女将善饮，尚无人说我连女子也不如，否则我到底该算个什么人呢？说来也巧，我的这几位善饮的女同志都是四川才女，喝多少白酒都面不更色。她们的豪量令我吃惊，尤其是那时候，酒还不像现在似的，兴兑水掺假。

　　奇怪的是，我的一位善饮的女同学也是四川人。前几年，我们在旅顺口碰上了。她饮白酒时那种落落大方的神态让我羡慕不止。蓦地又让我想起近四十年前，她去参加抗美援朝的前夜，也曾有过一次豪饮。其实，那天夜里她是有些微醉了。她激动地举着杯，扯住同学一一敬酒。不知今夕一别彼此还能相见否？我相信她会想到自己的青春、爱情和理想，但鸭绿江边的火焰却使她无法犹疑了。这真的是一场壮别！

　　人生不知有多少这样值得动情痛饮的场合，大欢乐和大悲哀也都不应该没有酒。我似乎懂得了"一醉方休"的境界该是怎样的迷人了。

我不是酒人，也失去参加"酒协"的资格，更甭盼有朝一日当理事了。但，我对于我朋友中善饮的人却充满了敬意，钦羡他们身上都长了神秘的酒虫子。至于何独巴蜀女子善饮，那还得留待专家们去考证了。

一九八七年八月于无酒斋

我和酒

新凤霞

> 我提议今天咱们不分份子钱，喝酒庆祝
> 解放好吗？

　　记得小时候，我们家供了三位神：关公、观世音、济公。济公是我们大杂院家家供奉的"穷人神"。我从七岁"在礼"（在观音菩萨像前磕头，保证从此不动烟酒，称在礼），是认认真真做好事，不沾烟酒的。所以我很纳闷，圣忠关公、观世音是不动烟酒的，可是和尚济公离了酒不能活，身边还捎着酒葫芦时时喝酒，怎么跟他们供在一块儿呢？但是我不敢多问。为这三个神像一天要三次烧香，唯有济公面前要供一盅酒。父亲说，宁可饿一顿，香火可不能断了。

　　过年的时节，要打扫房子，糊白纸，最重要的是清扫供桌神像。关公是纸像好办，观世音和济公是磁塑的，就不好清扫了。院里的大妈告诉我，磁像的油污不能用水洗，洗了会掉色，也不发亮了。必须用酒擦，擦完以后又新又亮。于是我高高兴兴地打了一两酒洗擦神像，就快完活的时候，被吃素念经的大姑妈看见了，她气得用鸡毛掸子狠狠地抽打我，打得我满身是血红道子。她边打边骂："该死的小凤啊！你是在了礼的人啊！怎么能动酒呢？"我说："动酒又不是吃酒。每天给济公老爷爷供的不也是酒吗？我摸了酒，连闻都没有闻，味儿都不敢吸，这怎么能算是犯了罪呢？"大姑妈根本不听我的，说："反正你是进了家在了礼，动了酒要受罪！我打你是为了让你赎罪，请观世音圣忠佛别怪你……"

1948年，天津临近解放了。父亲不知听什么人说："共产党最恨在教信道门的。天津的道门团伙都是杂巴地流氓、地痞呀！你们进家在礼的可说不清呕！"父亲领我在礼，是戒烟酒的礼。可是父亲胆小，他害怕解放了要抓黑道门儿，所以他自己想了个主意。

解放天津的前一天，炮声枪声打了一宿，解放军进城了，安民告示贴满了街。带着枪穿着灰军装的八路军在老百姓家号了房子住下了。好多天都很平静。一天晚上，父亲手里拿着一个瓶子，破天荒地把我们全家叫在一起，他笑嘻嘻地说："来吧，火炮、枪子儿都过去了，八路军共产党来了。今天咱们要办两件事，一是八路军不信神佛，咱们要把三尊神像请下来。"他说着拿出一张纸像，说："这是毛主席的像，他是为咱们穷苦人办事的，解放了，咱就挂他。"父亲把我老祖母的镜框取下来换上了毛主席像，仍挂在屋中神桌上方。然后，他领着我们全家老小给毛主席像磕头。办完这件事，父亲拿起那瓶子说："咱们今天开礼！"母亲问："为什么？"父亲说："共产党不让信教供佛，要是知道咱们家在了礼恐怕会遭殃。不过我们喝了酒，就不在礼了，共产党就相信咱们，不会出事了。"说着他用牙咬开了装酒的瓶盖。自己对着瓶口喝了一口，然后递给母亲，这样，一个传一个，我们每人都喝了一小口。我只尝了点酒味。酒太难喝了！有一股说不出的感觉，久久不能离开胸口。倒是父亲很高兴，他把酒瓶高高举起，说："来啊，咱们都开了礼了，可以随便喝了！"我们几个小孩喜得像过年那样，又蹦又跳，去抢父亲的酒瓶，父亲不给，说："不能让你们喝醉了发酒疯！"还是母亲勇敢，她一把抢过酒瓶，对着瓶口就猛喝，还叫着："快拿块咸菜来！"我找了一块咸白菜帮子，母亲又连喝了两口，果然脸红了，站着直打晃，说话也有点不准了："行了！咱们不怕巡警了！解了放了，喝酒，抽烟，谁勇敢？我们供上毛主席，没有急！哈哈！共产党是水，咱是鱼，手里端着酒，高兴了喝一口！不怕老虎狗！哈哈……穷人翻身了，黄土变成金了！"父亲急忙关上门，抓着母亲躺在炕上，用一床被子连头带脚把母亲盖上了。父亲吓得把酒瓶交给我说："去，赶快把这瓶酒送给瞎大爷去。"大杂院里可怜的孤身老人瞎大爷，是我们家最照顾的人。多少年来都是我们家事事想着他，送吃的喝的，我还为他缝缝补补。他就爱喝一口酒。平时父亲最讨厌他这一嗜好，骂骂咧咧地说："瞎着两只眼还总想喝一盅酒，你也配吗？"瞎大爷脾气不好，但对人很热情，特别是喜欢我，因为院里人欺负他我总是安慰他，帮他说话。这回父亲要我把酒送给瞎大爷，我可高兴了，像唱戏一样说："得令！"一把接过酒瓶转身跑进了瞎大爷的小屋，先把酒塞在瞎大爷手里说："大爷你闻闻，这是芦台春哪！"大爷熟悉我的声音，我一进门，他就高兴。他摸着酒瓶说："我们小凤长大了，当了名角也不亏你大爷，还送酒给我。你爸爸他可是不喜欢我这个嗜好哇……"我赶忙说："不，是爸爸让我给您送来的，我们一家子都开了礼，喝了酒。"瞎大爷笑得合不上嘴，拍手说："对，现在不是挨打受罪的时候了，解放了，喝庆功酒啊！你爸爸也真开通了，他老实巴交一辈子，以后就应该享福了。过去我跟你爸一块儿吃苦，现在该一块儿喝酒了！"说着，瞎大爷用手摸了几个五香花生仁，嘴对着瓶口喝了一大口酒，向嘴里扔了一个花生仁。看见瞎大爷这么高兴，我也打心眼儿里快活！果然，瞎大爷一天天好起来了，成立了梨园工会，他每月得到国家照顾贫苦艺人的钱，也不出去算命了。每天，花生仁一包揣在怀里，小锡壶拿在手里，坐在胡同口自说自唱，唱累了，就喝一口酒，吃一个花生仁。他常讲："酒是苦人浆啊……"

1949年，我随着几个老演员杨星星、郑伯范、王度芳、李凤阳等由唐山到北京，迎接解放。中华人民共和国成立了，这可是天大的喜事！白天，我们在天安门敲锣打鼓扭秧歌，吃完饭后，大伙高兴，聚在天桥万胜轩铁罩棚子小戏院，有后台职工、前台演员，几十口子。我站在台上大声说："兄弟姐妹们，我提议今天咱们不分份子钱，喝酒庆祝解放好吗？"台上台下人们齐声拍手说："好！"我喊着："打酒去！"不知是谁提起一把大铜壶，边喊边走，一会儿工夫打来了一大壶酒。"来呀！"有人站在台口喊。又有人拿着一摞碗在接酒。于是，男男女女都争先恐后喝开了酒。每个角落都有划拳声，嘻笑声。满壶酒喝完了，又有人吆喝："打酒去！"就这样热闹了三四天，我也就在这时体会到喝酒不那么可怕，而且通过喝酒也品了人，认识了人。就像俗话说的：喝酒能喝亲了，赌钱能赌远了。

我第一次喝醉是在1950年。天桥镇压了四霸主，剧团也由自己管理了。大伙选我当团长，我说："不干，也不会当。"可是说什么也不行，文化局也有位干部来做我的工作，不得已，我只好同意了。这下子可给闹酒的人机会了。你一盅，他一盅，我也当真敞开了肚子，直喝到深夜才算结束。大伙把我送回天桥南头小胡同的那间泥瓦房。我一进家就又吐又晕，心里很明白，就是两腿发软，心里烧得难受。这回我知道了喝酒可不要过了量，喝醉的滋味不好受。

我和祖光1951年结婚是在南河沿欧美同学会旧址。那是仲夏的一天，我永远也忘不了那美好的日子。好漂亮的大厅！好热闹的鸡尾酒会！服务员川流不息，随时给人们倒酒。我和祖光都没有喝酒的习惯，但那天的大酒会二百多人，敬酒祝贺的人那么多，我们怎能不喝酒？！人们又怎能不让我们喝酒？！祖光是谁来敬酒都接受，都奉陪。我想，这个日子只有一次，大喝吧，一醉方休！一杯杯地喝呀，来者不拒。红酒、白酒也不知喝了多少。我一直在兴奋中喝酒，一点没有不舒服的感觉。到了家，又有人聚在新居，又是大喝一场，还跟祖光同饮了交杯酒。这时我才知道我是很能喝酒的。

50年代中期我常常应邀出席宴会。有一次在北京饭店设宴招待苏联戏剧界演员，中央典礼局局长余心清主持宴会，他是祖光在40年代认识的朋友。宴会上，一群外宾围住了我，要我喝酒。我说不会根本不行。这时，余心老过来，他让跟在他旁边的服务员给我一盅酒，命令式地说："凤霞，你当演员应当学会喝酒，这杯酒就喝下去吧！"我看着那一杯白酒，心想：这位余心老真可恨！怎么灌我酒呢？周围的外宾更起劲地劝酒，我一横心，端起酒杯猛地喝了一口。"啊！怎么是白水？"我说出来了。外宾中有懂中国话的，他们马上抓住了余心清，抓住了服务员，直嚷嚷说是受了骗，要罚酒。那晚余心清被灌得酩酊大醉，两个人送他回家。事后，余心清打电话跟祖光说："你家凤霞是个傻丫头！她可害了我……"我也跟祖光说："为什么余心老事先不告诉我呢？哈哈！我是太笨了，太傻了！"以后，余心老见到我就叫："傻丫头来了！"

　　1957年突然来了运动，一夜间，祖光被打成"右派"。我被迫回前门樱桃斜街我父母家住。由于父亲不识字也不知道运动，我跟母亲说好不告诉他祖光的事。但我突然住回娘家了，父亲摸不着头脑，风言风语的他也知道祖光出了事。母亲还骗他说："大姑爷不在家，你也别去。"可是父亲越听说不让他去，他越瞎想。他平时最爱自言自语地说心里话，那时他憋在心里的话就更多了。

一天夜里，我迷迷糊糊听见堂屋里有动静，因为娘家住的是一明两暗的中式房，所以我悄悄起身扒着门缝要看看是怎么回事。却原来是父亲手里端着一碗酒，喝一口酒，叹一口气。他自言自语地小声地向着毛主席像说："您可是解放的神哪！我大姑爷是好人，那是少有的好人！您老可不能把他押起来了！"他接着又自顾喝酒自顾说："还不让我大闺女回家了，这是犯了什么罪呀！"待把酒喝完，他眉头皱着，对着毛主席像磕了个头，说："我可是最信您老了，我谁都不供就供了您，可是……"说完，他把主席像取下来，拆了框子，取出画像撕了……

第二天，母亲看见父亲情绪这么坏，又看见撕碎的画像，吓得大声说："这可不得了！"没想到父亲转身跑到大栅栏，买来一张新的毛主席像，原封原样又挂上了。他平静地说："行了，这不又供上了吗？反正我不再每天给他磕头了。"

记得 1958 年，我们去西南巡回演出，到了贵州花溪，这里是产茅台酒的地方。大家都想过酒瘾喝茅台。我当时因为祖光的原因，情绪不高，可是茅台酒厂的主人对我十分热情，他们把埋在地下的茅台酒取出来，厂长、书记陪我饮开坛酒。厂长亲切地对我说："你要自我解脱。吴祖光在北大荒知道你生活得愉快也会高兴的；但如果你情绪低沉，他也不会放心呀！"厂长的话对我来说就像开心丹一样，我从心里非常感谢他。而且他是在我团领导不在场的时候说的这番话，我能理解他的一番心意。我那天真痛痛快快地喝了开坛茅台，却一点醉意也没有。至今，一看到茅台酒，我就会想起贵州的酒厂老厂长！

"文革"时期，也是我"深挖洞"的时期。活不少，劳动一天回家只有一个念头：吃点喝点。我上班在西城白塔寺，记得那边新开了一个大副食品商店，我下班总是去买些副食品带回家。这个店的服务员大多都认识我，他们都热情地接待我。好白酒是紧缺货，服务员每次都劝我买酒："您吃点好的，喝点酒，劳动这么累，我给您准备好了'莲花白'！"他们每次都用报纸包捆好，让我带回家。一次春节，祖光从天津团泊洼"五七干校"回来，我告诉了这位服务员，她一听，说："那您等着。"她跑到后面，又拿出两瓶特曲。因为太急没有捆得结实，我手里拿着也没太注意，出门上了103路无轨电车，谁想两瓶酒摔碎了，酒洒了一地，满车都是酒香。车上的人直说："好酒！"我一点也没惋惜这两瓶酒，心里反而觉得很高兴。因为我喝多少次酒也不知道是怎么好，现在大家都说是好酒，这该多么值得！

　　我被迫害得了重病不能演戏了，也时常有亲朋送酒给我。有人劝我喝一些酒对身体有好处：既活血，也有利于睡眠。所以我也经常喝一点酒。一位好朋友送来的精制杜康酒，我一看那酒瓶就是艺术品，也就觉得喝酒是莫大的享受！现在，我感到喝酒也是人生幸福之一，但喝酒要适度，不能过量，要能控制自己。有些戏曲界的老前辈均有海量之称，但他们喝了酒从不影响演戏。至今，酒在戏曲演员中仍是受欢迎的。

关于喝酒

邵燕祥

不必有统一的喝酒规范。

喝酒，我以为是一件最最"个人"的事情。

不必有统一的喝酒规范，也不必有统一的"喝酒观"。

喝酒，如果羼上了功利的目的，酒就变酸了。

朋友而成为"酒肉朋友"，那朋友也就变味了。

罚酒不好吃。敬酒也不好吃。

把喝酒变成一种手段，无论是去敬酒，去罚酒，酒也就不成其为酒。

人生有味是清欢。

zhizhidizhi
zhizhizhi
zhizhizhi
025
zhizhizhizhi
zhizhizhizhi
zhizhizhizhi

而万般扰攘之中，清欢何少。

也许杯酒能给你清欢片刻。对饮，或是独酌。

猜拳行令是无聊。

灌酒是野蛮。

文质彬彬的祝酒，有时也是多事。

在你想喝酒的时候，有酒可喝，你有福了。何必人劝？

那个"落日解鞍芳草岸"的词人，抱怨"花无人戴，酒无人劝，醉也无人管"，他意不在酒。

但，酒人不是酒鬼。

烂醉如泥，又如何能知酒味？

微醺是最好的境界，我觉得。

所以我写过：

　　　有朋友从酒泉来，

　　　赠我一对夜光杯。

哪儿能得这样的好酒，

使我燃烧而清醒不醉？

唯微醺，在沉醉与清醒之间。

所以我还写过：

寂寞的，又不甘寂寞的来客，

只在我沉醉与清醒之间叩门。

那一节的标题是《诗》；还有如诗如梦的情思。

古人说，文是饭，诗是酒。

我想，酒也如诗。

人不能从早到晚泡在诗里，也不能一天到晚以酒代
饭。

酒不能消愁，更不能疗饥。

酒自有酒的恩惠。

给你片刻精神的自由。

我向往精神的自由，但还不到放浪形骸的地步。

更何况我不愿因酒后失言而从此失去喝酒的自由。

我在很长的年月里不喝酒。

当年，我随时准备落进没有喝酒自由的地方。

哪怕仅仅失去喝酒的自由也是一种不自由吧。

面对着人间忧患如海，一醉并不能获得解脱。

在有喝酒的自由的时候和地方，何妨举杯。

对于自由意志的主人，酒，能使你燃烧，又能使你清醒不醉。

一九八七年十月十四日

酒的反调

牧惠

> 各尽所能嘛！咱们还是按马克思的话
> 办。

少年时读《聊斋·酒狂》，觉得嗜酒如缪永定其人，实难理解：他酗酒致死；死了，在阴司里仍嗜酒如命，"酣醉，顿忘其死"。靠在阴司里当酒店老板的舅舅行贿得以复生，却又舍不得花几两银子焚烧阴司用的金币钱纸还给舅舅（那可以买多少酒！），又仍然被揪回阴司。

后来发现，除了阴司地狱纯属子虚乌有外，其余一切都完全有根有据，来自生活。纣王的酒池，刘邦刚当上皇帝时群臣的饮酒争功，曹雪芹的"酒渴如狂"，大体均属此类。《魏略》说，皇帝下令禁酒，众人仍偷饮，不敢说酒，"以白酒为贤者，清酒为圣人"，也可见一斑。

zhizhizhizhi
zhizhizhizhi
hizhizhizhiz
029
hizhizhizhiz
zhizhizhizhi
zhizhizhizhi

苏联《消息报》报道，由于禁酒，酒鬼们竟以吞食牙膏和香水来解馋，一时牙膏和廉价香水奇缺。到了后来，灭蟑螂用的喷雾剂也被酒鬼当成酒的代用品。《聊斋》的另一篇《秦生》，酒鬼馋得闻见毒酒也"肠痒涎流"，非喝不可，"妻覆其瓶，满屋流溢。生伏地而牛饮之"。——"快饮而死，胜于馋渴而死多矣！"同这位一比，苏联那众位喝香水、吃牙膏斯文多了。

说了半天，我猛然发现，所写的同祖光同志的约稿信猛拧，简直是唱反调。这也得怪祖光找错了对象。在下绝不是"文苑名家"，但以爬格子为业，倒也不假；至于"酒坛巨将"，那百分之二百的有悖事实，不仅当不了将，连小兵也不够格。李白"斗酒诗百篇"，换转是我，早就趴下，一百字也写不出来，我不唱反调又怎办？

祖父是嗜酒的，我是他的头一名孙子——伟大希望所在，因此小时在家里享有特殊荣誉。逢年过节，被招回祖父家里吃饭，照例是祖孙二人另席。菜肴格外丰富，而且还给我倒了一小白瓷杯酒。祖父使劲地让我喝酒吃菜，但不知何故，结果往往是把鸡腿吃掉、好肉吃够，酒却纹丝未动，只不过是我骗菜吃的幌子。酒席上这种不正之风，从那时一直延续下来，根本无法好转。1983年秋，在烟台同林斤澜大哥等人一起去农村调查，县委书记特地从家里带来一瓶茅台宴请。他们诸位频频干杯，我那一杯却只被嘴唇沾掉未及十克。看来盛情难却，我偷偷倒掉半杯。眼尖的大哥发现了，频频摇头，对于我这种"极大的犯罪"，十分不以为然。去年陪一外国代表团访问苏、杭、深、穗，客人对我不能陪他们喝酒，屡次表示遗憾。因为我乃老广，广州又是最后一站，于是我用粤语同服务员通同作弊，让她给客人倒茅台酒，给我小杯里倒的却是矿泉水。如此这般，我居然同客人干了一杯，客人这才表示对此行完全满意。

　　我历来主张讲真心话，做老实事。以上交待，足以证明我至少在喝酒这点上曾经弄虚作假，实在不足为训。俗话说：酒后吐真言。《史记》说："灌夫为人刚直使酒，不好面谀。"《水浒传》里的英雄们鲁智深、武松、李逵，也属这类。怕酒而不得不弄虚作假如我者，理当向他们学习。

但是，我又觉得，学会讲真话同学会喝酒比，至少对我来说是前者易后者难。也有相反的。曹操是喜欢喝酒的。青梅煮酒论英雄表的是他同刘备酒后吐真言的故事；"何以解忧，唯有杜康"，是他的名句。但是，曹操就未必讲真话。还是关于酒。某年饥荒，粮食遗乏，曹操下令禁酒。禁酒就禁酒嘛，他却编了一套大道理，举夏、商等国灭亡为例，说喝酒足以亡国。孔融写了两篇论酒禁短文，一篇大谈喝酒的好处："尧非千钟，无以建太平；孔非百觚，无以堪上圣；樊哙解厄鸿门，非彘肩厄酒，无以奋其怒；赵之厮养，东迎其王，非引厄酒，无以激其气；高祖非醉斩白蛇，无以畅其灵；景帝非醉幸唐姬，无以开中兴；袁盎非醇醪之力，无以脱其命；定国非酣饮一斛，无以决其法。故郦生以高阳酒徒，著功于汉；屈原不铺糟歠醨，取困于楚。犹是观之，酒何负于治者哉！"一篇更揭他的老底：你禁酒只不过为了节约粮食，何必编那么多大道理呢！后来孔融终于被曹操杀头，未必不与揭老底有关。讲真话难，有时得冒杀头的危险。喝酒能鼓励人讲真话，我不会喝酒，却因此拥护喝酒。

我还得为自己辩护，即使在喝酒这个问题上，我也是讲真话居多。每次聚餐、宴会，都首先声明自己滴酒不沾，只喝矿泉水。逼得紧，我还会用马克思主义来辩护："各尽所能嘛！咱们还是按马克思的话办。"

这一辈子，我也曾醉过一次，而且醉在错误的时候和错误的地点。那是1948年冬天，我被上级派到青州区武工队负责开辟新区。那里有一位回国不久的前马来亚抗日游击队小队长梁卓琪。既然是同志，他对我们格外热情；刚刚开头就碰到一位有力的支持者，我也格外高兴。过了一段，他为儿子办满月酒，一定要我赏光去饮一杯。酒逢知己，而且喝的是三星白兰地，两杯过后，我就醉得躺下了，竟在卓琪家里睡了一夜。在那时，喝酒致醉违反了部队纪律；卓琪家离敌人驻地很近，也十分危险。假如我是个酒虫，哪里会发生这样的蠢事？为了不重犯错误，我得努力学喝酒了。

酒话

黄裳

> 照我想也是他实在想喝酒了，并不是想
> 逃避什么人间的忧患。

　　酒，有时我也还是喝一点的。但已非复当日的豪情。喝酒，好像也是和年岁有关的。大抵是年轻时能喝，等到年纪逐渐加大，酒量也就逐渐减低。不过，也许有例外。

　　从什么时候开始喝酒，已经记不起来了。印象是最早一次自斟自饮，是四十多年前在成都的事。那时我从沦陷的上海辗转来到成都，袋里只剩下了大约四角钱的样子，但终于在旅馆里住下来了，因为随身还带着一只箱子，可以做抵。走到街上去吃晚饭，不知怎地选了一家小酒店，坐下来要了一碗（二两）大曲，慢慢地吃了，又要了两只肉包子当饭，用尽了袋里的余钱。老实说，我实在是一点借酒浇愁的意思也没有，欢欢喜喜第一次领略了四川曲酒之美。不由得想起了李商隐的诗，"美酒成都堪送老"，觉得飘飘然，却一点都不能领会诗人哀伤的心情。

这以后，只要袋里有点钱就总要上酒馆去坐坐，有时候也拉朋友一起去。重庆的酒店里有近十种不同等级的曲酒，价钱高低不一。堂倌用不同的酒盏筛酒上来，最后算账就按照不同的酒盏数目计算，一些都不会错。记得价钱最贵的一种是"红糟曲酒"，使用的是一只玻璃杯。这样喝着喝着，面前往往有一叠酒盏摞在那里，于是始有点"酒徒"的意味了。还有不能忘记的是在扬子江边的茶馆里吃橘精酒，那和大曲比起来简直就算不上是酒，但无事时喝一点也是挺有意思的。

总之，我是在四川学会了喝酒的。在我的记忆里也只有大曲才算得上是酒的正宗。

回到上海以后，又有过一次愉快的吃酒经验。P先生的母亲从四川到上海来了，随身带着一坛"绿豆烧"，也是四川的名产。那天我在他家吃饭，喝了很不少。只差一点没喝醉。时间也是晚上九十点钟，该到报社去上班了，摇摇晃晃地赶了去，还写了一篇短评。

这些喝酒的回忆都是很愉快的。正是因为"少年不识愁滋味"，我一直不能理解为什么酒是可以解忧的。"文化大革命"中，市面上什么白酒都没有了，只有橱窗里还陈列着"冯了性药酒"，是用白酒浸的，也并未尝过，只不过在闲谈中偶然提起，不料被人捉住，作为攻击无产阶级专政的把柄，狠狠地被斗了一通。直到这时，我还是不懂得酒是可以解忧的。曹雪芹"酒渴如狂"，照我想也是他实在想喝酒了，并不是想逃避什么人间的忧患。这才是真能懂得酒的趣味的。

一九八七年九月十四日

举杯常无忌，下笔如有神

钟 灵

> 饮酒也可以说"妙在醉与不醉之间，太醉为亵渎酒神，不醉为冷落仙子"。

　　漫画家方成兄为我画过一幅漫像，作为他写的《钟灵外传》的插图，发表在《人物》杂志上，画的是我正在挥笔作画。最有趣的是在我屁股后面的口袋里，装着一瓶白酒，大约为了喝起来方便，居然在瓶颈上还扣着一只酒杯，谁看了也会忍俊不禁。可见我和酒神结下了不解之缘，已经载入报刊，名声在外了。

　　说起来话也不算太长，我和酒的因缘，却有一个曲折的过程。大致可以分成四个阶段：一曰狂追，二曰苦恋，三曰敬爱，四曰藕断。且听我慢慢地道来。

　　所谓"狂追"，也和某些年轻人谈恋爱一样，带有一股子疯狂性，实际上还不真正懂得爱。青年和刚刚步入中年时代，嗜酒如命，好酒若狂；如果酒逢知己，更是千杯恨少，一醉方休。在饮酒的方式上，也是杯杯见底，一口喝干，不懂得浅斟慢饮，品味名酒的醇香，类似猪八戒吃人参果一般，实在有伤风雅。更有甚者，闹酒使气，自夸海量，弄得呕吐狼藉，沉醉如泥，毫无乐趣可言。现在回想起来，应该说当时是不懂饮酒的，和酒神的关系并不太正常。

进入"苦恋"阶段，实在是客观环境所迫，并不是自觉自愿的，那就是大革文化命的十年。

三年牛棚，挨批挨斗，喝到白开水都不容易，岂可奢望饮酒，当时是恋酒思念之苦；其实，也没有功夫思念。

我下放干校之后，倒是不禁酒的，军宣队就带头喝，也就不管我们。当然，也不能像"狂追"阶段那样，饮酒无度是不行的。开始我当炊事员，后来升了伙食管理员，有经常外出采购的方便，于是白酒豚蹄，供应充足；又靠近减河，活鱼鲜虾，最宜下酒。管理员有自己的小房，单独居住，一天劳动之后，"何以解忧？唯有杜康！"

关起门来，自己喝闷酒。

诗人郭小川，作家黎莹，都是当时的酒友。夜静无人，我们就促膝谈心，一面饮酒，一面发牢骚，说得冠冕一点儿，是忧国忧民，滋味并不是甜的。当然，酒神只能给你暂时的安慰（不，实际上是一种麻痹），并不能解除我们根本的苦恼，甚至痛苦。此之谓"苦恋"也。

真正懂得酒的妙处，和酒神建立起成熟的真正爱情，是在十年浩劫之后，得以重新拿起画笔，继续在画坛充当"马后卒"的时候。

先师白石老人有云："作画妙在似与不似之间……"我觉得饮酒也可以说"妙在醉与不醉之间，太醉为亵渎酒神，不醉为冷落仙子"。饮酒微醺，飘飘欲仙，精神振奋，头脑清醒，余香满口，吹气如兰，个中妙趣，有不可言传者。为什么这个阶段叫做"敬爱"呢？这就是说，好像恩爱夫妻：举案齐眉，相敬如宾，固然亲之近之，敬之爱之；而绝不轻之溺之，侮之辱之，这才是对待酒神这位美人的正确态度。

特别是画兴一起，左手擎杯，时而小啜，右腕挥毫，"下笔有神"。神者，酒神也。她常常为你助兴，帮你创造出意外的神韵。"举杯常无忌"是我杜撰的上联，意思是进入微醺状态，就会平添许多勇气，敢于突破成法，或者说由有法升华为无法，不再受什么清规戒律的束缚，更能把自己的真情意境抒发出来。这似乎是赞美自我表现，既然是艺术，没有自我表现是不可能的；但又不是脱离生活的胡来，世界上岂有什么也不反映之纯自我表现哉？

将近古稀之年，意外地患了脑血栓，右半身不能如意行动。经过治疗，虽然大有好转，遵医嘱却要戒绝烈性酒和香烟。从此步入了"藕断"阶段。

"藕断"也者，丝尚连也。白酒已无福消受，只好以啤酒、绍兴略慰寂寥，"善酿""加饭"固佳，"上海黄"也能凑合，好在无忧可解，解渴而已，"醉与不醉之间"是没有指望了。用阿Q精神自慰的是：前辈古人并没有饮过烈性白酒；目前世界各国已趋向于低度酒；我戒掉了烈性酒，不但是养生之道，也是合乎时代潮流的。

看来，我与酒神的关系，最好是掐头去尾，只取中段，"敬爱"阶段是最难忘怀的呵！

一九八七年十月。北京

酌酒

般若

> 其实自由之为虚妄，自古亦然。饮酒无
> 自由，作诗又岂有自由哉！

酌酒宽君亦自宽，
世情反复似波澜。
明时原不用清议，
盛世何人重胆肝。
风雅宜供王者颂，
文章空令士心寒。
辛勤应将滋兰蕙，
何不随人种牡丹？

收录《酌酒》一诗，为 40 年前之旧作，系一时抒
怀遣兴之作。余少年时颇能饮酒，一斗不醉，一石亦不

醉。后来，投笔从戎，军令禁酒极严，遂与杯中物由亲而疏。如今年事渐高，遂遵医嘱戒酒，点滴不敢沾唇，从此余与杜康之交，由疏而绝。柳宗元诗云"欲采苹花不自由"，陈寅恪诗云"不采苹花即自由"，其实自由之为虚妄，自古亦然。饮酒无自由，作诗又岂有自由哉！

醉猿

邹荻帆

你们创造了天下第一流的双沟酒。

淮阴洪泽湖畔下草湾，发现醉猿化石，又是双沟名酒产地，现任厂长和总工程师都有过坎坷的历史。

考古学家考证，
五万年前的猿人
把采集来的野果
红宝石、绿宝石堆集在一处，
待它们再来这里，
果子水发酵，
哦，喷香的玉液山野洋溢……
它们喝呀，喝呀

一个个醉倒在自己酿造的蜜酒里。
是造山运动、火山爆发或地震？
五万年后，考古学家发现了
各种醉倒姿势的醉猿化石。

人间也有过人为的造山运动，
人海战术给这几个青年
铸造了一顶山一般沉重帽子。
他们是没有尾巴的人，
而要他们像猿猴一样夹着尾巴做人。

他们到醉猿化石的故乡落户，
他们在酒厂干活。
这儿有千家万户美酒飘香，
爱在生根发芽的底层
工人和乡亲爱护你们。
你们酿酒，你们不曾像猿人
醉倒在自己的酿造里，

创造的果实该属于集体!
你们埋头研究酿酒的工艺。

不是考古学家来发掘地层,
是革命家剖析中国特色的革命史,
要开发智力的矿藏
这儿发现了人才,
发现你们在醉猿化石的故里。
你们创造了天下第一流的双沟酒,
桂冠出现在这里。

谈酒

潘际坰

> 丈夫酷爱杯中物，最难堪的当是妻子。

生平嗜好不多，烟、酒与桥牌，如是而已。近年以来，三分天下的局面岌岌可危：早就戒了烟，一戒而成，而且连烟味都懒得去闻它；谈到"三无将""大满贯""小满贯"，也有恍恍如隔世之感；唯独于酒，至今还是藕断丝连，或者，竟可以说是剪不断，理还乱吧。虽然我并不十分信服曹操"何以解忧？唯有杜康"的说法。

童年何时开始饮酒的呢？答不出。只记得第一次喝白酒（也许是洋河大曲），不许用酒杯，只可以用筷子伸进大人的小酒杯，用筷头蘸那么一蘸，而且要浅要轻要快。这之后，我得到惊喜还是惊恐？也很茫然。大概是惊恐居多，因为至今还记得母亲对我们讲过一个神话般的故事，说父亲某年夏天大醉之后，赤膊躺在床上，这时，只要放一块豆腐在他的肚子上，就能把豆腐煮得咕嘟咕嘟地叫个不停。她不是禁酒论者，只记得她说话时充满惶恐与不安的神情，这也难怪，烂醉如泥之外，莫非还有烂醉如"火"的怪现象？

第一次知道三星白兰地，也是在童年。姑父住在外地，相当富有，他偶尔到我们县城来看病，便住在我们家里，随身带的总有好几瓶各种洋酒，但我不曾看他醉过。因此，法国酒与敝国豆腐能否产生同样神奇效果，又是个谜。

倘若分类，我也许可以列入"酒量不大但酒兴甚高"。这种人若是时常与酒接触，要他不醉，太难；纵是偶尔浅尝，若心情欠佳，酒又不妙，要他不醉，也大不易。抗日战争爆发不久，在大学里读书，校园已经不复在西子湖畔，而是广西与贵州的内地小县城了，依然受到敌机威胁，学校一迁再迁，真是恼煞人也。穷学生大多悲愤度日，不过偶尔下一次小馆子的机会也无拒绝之必要。这样，便和一位好友去喝它两盅，没酒杯，便用小碗喝。

谁知道，才几口下肚，就醉了，头痛异常，胸口也非常难受。一问，说喝的叫苞谷酒，也就是玉米酒。为什么杨贵妃醉酒就与众不同，美得很，而且还能在舞台上表演赢得观众掌声呢？酒醒后，我继续想过好久，终于列为不可解的方程式了事。无论如何，我这次醉酒，不能说与曹操的酒论无关。

人在极其高兴的时候，也会成为醉鬼。回想起来，有两次经验可谈。一次是在南京解放的消息传到南国某城之日，我们报社编辑部的晚班，当晚几乎"倾巢而出"，大吃大喝一通，八个人有六个会喝酒，结果，九瓶三星白兰地喝得精光，点一点数，醉客数字恰是空酒瓶的一倍半。不过，这时于老杜的"初闻涕泪满衣裳""漫卷诗书喜欲狂"以及"白日放歌须纵酒，青春作伴好还乡"诗句的意境，似乎更能心领神会。"三星白兰地"——对以"五月黄梅天"，确属巧对，而我们那次痛饮白兰地大醉前后，哪里会想到什么"黄梅天"。不，完全是"晴朗的天"。

另一次是在三年困难时期刚结束不久，北京《漫画》

在新侨饭店设晚宴招待漫画与文字作者，主编来电相邀，欣然应命，谁知道，席上偏偏遇到心仪已久的一位著名漫画家，而他，也曾托友人带口信，说看了一本拙作，希望和我见一见面。好啊，喝吧，一杯，两杯；好啊，喝吧，敬你一杯，再敬他一杯……很奇怪，我好像被人从小汽车里扶出来，又好像走进最熟悉的胡同，在一家门口，我同搀扶的友人高声抗议："这不是我的家！"并且拒绝入内。可是，不久，我就倒在床上了，呕吐之后，迷迷糊糊，进入似睡非睡状态。那年头，吃一桌酒席不容易，谁知都还了席，食而不知其味，真是可惜。派克笔也是那晚丢掉的，只能算附带的小损失。这一醉，也好，我毕竟懂得了"酒逢知己千杯少"的含义。不过，太白所说的"醉中趣"之"趣"在哪里，似乎不易领略。我看，微醺最好，大醉无趣。

因为经常喝两杯，爱屋及乌，对于酒的历代笑话也深感兴趣。开门七件事：柴米油盐酱醋茶，无酒；酒的笑话却比那些生活必需品为多。由此，似可推论，我们的民族自古就爱饮酒，酒鬼不少，刘伶算得头号大酒鬼，但是，从《世说新语》，或从传世的刘伶《酒德颂》看来，在昔日文人或文化人的小圈子里，他的名声并不太坏，这或许是因为，他的人生哲学含有反礼教与反传统成分，颇能在那个小圈子内外得到同情者。历代笑话题材大多着重于：讽刺酒味太大或变酸；调侃"撒酒疯"的人；挖苦主人不以酒敬客，或者敬客不够大方，如酒杯太小之类；嘲笑贪杯者的一副急相，甚至让父子二人同时登场，使诙谐效果更强。例如，清人石成金《笑得好》就有一则这样说："一人善饮，自家先饮半醉，面红而去，及至席间，酒味甚淡，越饮越醒，席完而前酒尽无，将别时谓主人曰：'佳酿甚是纯酿，只求你还我原来的半红脸吧。'"

这笑话不差，可惜石成金本人略为迂腐，他自称有饮酒之癖，却又有三不喜：一不喜大醉，二不喜晚饮，三不喜速饮。三者之中，反对晚饮最难同意。还有，与其主张慢饮，何如提倡少饮？当然，在真正醉客心目中，只怕这也是迂腐之论。

写酒佳句，见之于唐宋词人笔下的极多，可以信手举出："浊酒一杯家万里"范仲淹；"一曲新词酒一杯"晏殊；"今宵酒醒何处？杨柳岸，晓风残月"柳永；"征帆去棹残阳里，背西风，酒旗斜矗"王安石；"酒酣胸胆尚开张，鬓微霜，又何妨！""明月几时有？把酒问青天。""酒困路长惟欲睡，日高人渴漫思茶。""料峭春风吹酒醒，微冷。""人生如梦，一樽还酹江月"苏轼；"昨夜雨疏风骤，浓睡不消残酒。""东篱把酒黄昏后，有暗香盈袖。""三杯两盏淡酒，怎敌它晚来风急"李清照；"谁伴我，醉中舞"张元干；"尽挹西江，细斟北斗，万象如宾客"张孝祥；"悲歌击筑，凭高酹酒，此兴悠哉"陆游；"醉里挑灯看剑，梦回吹角连营。""醉里且贪欢笑，要愁那得工夫。""昨夜松边醉倒，问松'我醉何如？'"辛弃疾；"连呼酒，上琴台去，秋与云平"吴文英；"天下英雄，使君与操，余子谁堪共酒杯"刘克庄……

浊酒，酒一杯，酒醒，酒旗，酒酣，酒困，残酒，醉中舞，酹酒，醉中，醉倒，连呼酒，共酒杯，这一切对于爱酒之人都平凡之极，可是在著名词人的笔下，竟能创造如此令人目为之眩而且叹为观止的意境，如见其酒，如见其人。或缠绵悱恻，或慷慨悲歌，或兴高采烈，或情绪低沉。是酒使中国文学增色呢？还是我国文学使酒生辉？我说不清楚。

丈夫酷爱杯中物，最难堪的当是妻子。不禁想起古老笑话杜康庙：有几个酒徒，商议为杜康立庙，破土那天，挖地发现一块石碑，当时他们已入醉乡，个个都说看到碑上有"同大姐"字样，于是以杜康夫人之礼相待，决定添设"后寝"。落成之后，请县令拈香，县太爷走到后寝，见碑，大惊道："这是周太祖的碑啊！"赶紧着人将碑移到庙外。夜里他梦见一位帝王打扮的人前来致谢，县太爷问他是何人，答道："我是前朝周太祖，错配杜康为夫妇。若非县令亲识破，嫁了酒鬼一世苦。"按被误认为"同大姐"的周太祖，当指周太王，也就是古代周族领袖古公亶父，传为后稷第十二代孙，周文王的祖父。"同大姐"与杜康两人距今之久远，倒也旗鼓相当。

华发苍颜，我如今饮酒，常以晚间二人青岛啤酒一小罐为度。妻的酒量比我大，自然不以为苦。若问能忘情于"酒逢知己千杯少"之乐么？坦白说，不行。说来难以置信，别处不说，方桌之旁的柜上就放着三瓶酒，酒好，酒瓶设计尤有民族特色：湘泉，刺梨酒与酒鬼。湘西凤凰是新品，北京还很不容易物色，这都是酒瓶与包装设计人、我们的画家好友馈赠的。

　　大胆为家乡酒命名为"酒鬼"而酒瓶质料有麻袋感觉的这位画家，饮酒有怪癖，不能饮，也许一杯啤酒足以使他醉倒，但他非常喜欢友人在他府上畅饮时的那种气氛。不用说，画家夫人是烹调能手，而且她能喝好几杯烈性酒。许多人酒后面不改色，这个我绝对办不到，不过我也有自知之明，不会像前面笑话里讲的那个酒客，一定要人家"还我原来的那半红脸的"。一饮即红，无半红与全红之分。

一九八七年初秋于京华

酒量与酒德

秦瘦鸥

> 从世界范围来看，西方人和阿拉伯民族
> 对酒的兴趣似乎更大于我们东方人；酒量也
> 显然高出一筹。

　　早在有史以来，酒已被人类酿造出来，作为饮料之一，这在我们中国是有书为证的：选编于周代的《诗经·小雅·正月》一章里，已有"彼有旨酒，又有嘉肴"这样的诗句。翻译成现代汉语，就是"他有美酒，还有好菜"。《孟子·离娄》里面还记载着"禹恶旨酒，而好善言"的话，那可更早了，距今已四千余年。

　　酒最早的用途究竟是为了解渴，还是作为兴奋剂，或者只是供祭奠天地鬼神的，此刻已很难考证，也没必要追究了。反正到了现代，情况已明朗化，一是作为烹调的作料，二是在社交场合，借以增添欢乐气氛，促进情谊。从世界范围来看，西方人和阿拉伯民族对酒的兴趣似乎更大于我们东方人；酒量也显然高出一筹。在我们国内，经常爱喝两杯的十九是男性。但酒量的大小，年龄和所饮的酒的纯度等也有关。此外，也不能排斥遗传基因的作用，凡上代没有酒徒的家庭里，很少会出现嗜酒若命的子女。过去有不少人还认为"酒有别肠"，意思是说凡爱喝酒、会喝酒的人肚子里都长着一条专装酒的肠子，那只能算是艺术夸张，科学上未必找得到什么依据。

上面我说酒量的大小与所饮的酒的纯度有关并非臆测之词，试以唐代大诗人李白为例。他一生好饮，被称为酒仙，不仅杜甫赞扬他"李白斗酒诗百篇"，他本人的诗歌里也往往写到饮酒和喝醉的事。而杜甫本人也同样好酒成癖，曾发出过"酒渴思吞海，诗狂欲上天"这样的豪言壮语。又如章回小说《水浒传》所描绘的那些梁山好汉，喝起酒来几乎都用大碗。武松去打蒋门神，从孟州城内走往郊外快活林的途中，见到酒店必连喝三大碗，说是"无三不过望"；鲁智深更了不起，在五台山醉打山门前，一口气把卖酒人挑的两大桶酒喝掉了一大半。今天的读者对此无不骇然，或者根本不信。其实经史学家和风土学家考证，唐宋时代的所谓酒是新酿的米酒（这种酒现在安徽、江西、浙江等省的村镇里都能喝到），所含的酒精度比现在的啤酒、黄酒、红葡萄酒还低，那就不足为怪了。如果当年李白、杜甫、武松、鲁智深等所喝的是茅台、高粱、黑方、VO，或者伏特加之类，那就非烂醉如泥不可，也别想吟诗动武了。

但人的酒量也确实差距很大。我的熟人中既有尽白干一瓶而色不变、气不浮的，也有只喝了半瓶啤酒便面红耳赤，话越说越多的，而且即使他天天喝、餐餐喝，喝来喝去，几十年还是只有那么一点量。

下面再来谈谈酒德。

我所说的酒德，是指人在饮酒时应该根据自己的体力和酒量加以控制，做到适可而止，既不要喝得到处呕吐、狼狈不堪，又能一直保持清醒状态，不致失礼。

至于晋代号称"竹林七贤"之一的刘伶所作的《酒

德颂》，那是专为颂酒而作的妙文，与我这里要讲的酒德完全是两码事。这位刘老先生也真是个罕见的怪人，尽管他日事狂饮，常在醉乡，连他太太再三苦劝也不听，甚至叫人扛了一柄锄头随在他身后，说"死便埋我"，然而他居然没有醉死，竟得寿终正寝，无怪他要对酒称颂不止了。

按照一般规律，饮酒无度的人健康情况难免受影响。我国当代著名书法家、金石家邓散木（粪翁）先生长期好酒贪杯，60岁便因酒精中毒，腿部长了恶疮，不治而死。我的亲属中有两三个人都饮酒过度，生的子女成为白痴。即使不这么严重，喝醉了打架闹事的也所在都有。西方有不少国家，每逢节日车祸总特别多，肇事原因十九由于驾驶者喝醉所致。我还在报刊上看到过一份统计材料，X国发表的历年国民死亡原因分析表中，因酒醉致死的人数竟比患癌症的更多，颇足以说明酒德——饮酒不过量的不可忽视。

还有一件有关酒德的小事也有相当的典型性。在我的晚辈中有一个深爱杯中物的青年人，从来不懂得怎控制自己，每饮必醉，每醉必狂歌痛哭，吵闹不休，有时竟会爬上三楼高的屋顶去，像表演杂技那样。他家里人惟恐他会摔死，不得不借来长梯，冒险登上去把他拉下来，连邻居也被闹得日夜不安。次数多了，大家对他都感到头痛，正和他在谈恋爱的那位少女劝说几次无效，也只得向他说"拜拜"。

也许由于我本是个俗物，不解酒趣，因而在上面说了许多足以使酒友们扫兴的话，现在让我再从另外一个角度来补充几句：根据许多人的长期观察、调查，凡不常纵酒狂饮的人，大部分都无损健康，至于老年人，除患有特殊疾病者外，经常适度地喝一些含酒精量较低的酒，确有解忧消愁舒筋活血之效，尤其是在冬季，这是我的亲身体会。

从《解忧集》的书名出处谈起

杨宪益

> 看来"解忧"也好，"忘忧"也好，都
> 不大妥当。

祖光兄编一本《解忧集》，因为我爱喝酒，约我写点东西。我当时开玩笑，回复他一首打油诗，诗的头两句记得是"歪风邪气几时休，一醉岂能解百忧"，最后两句是"我笑先生真好事，如何也卖野人头"。中间还有四句骂人的话，这里从略。祖光也答复我一首诗，还是要我写。盛情难却，就胡乱写几句，就从《解忧集》的书名出处谈起吧。

酒能解忧，出处当然是相传为曹孟德所作的《短歌行》里的"何以解忧？唯有杜康"。其实，这首歌词本身是否曹操一人所作，颇有问题。原歌分八解，四句一解。从内容看来，口气很不一致，就以最著名的一解"月明星稀，乌鹊南飞，绕树三匝，无枝可依"来说，当时曹操正在招待宾客，作为主人的身份，怎么会有想投靠豪门而无枝可依的想法呢？至于后面的另外两解"越陌度阡，枉用相存"等等和"山不厌高，海不厌深"等等，很明显也是投靠曹操门下宾客的口气。曹操自己决不会说出"周公吐哺，天下归心"那样吹捧的话。至于开头二解，包括"何以解忧？唯有杜康"两句，如果说是曹操的话，从口气来看，倒是可能的。看来这是一首饮酒时相互酬答的歌词，很可能是主客每人咏唱一样，并非曹操一人所作。

抛开考证，回到正题上来，即使"何以解忧？唯有杜康"是曹操的话，那也是骗人的鬼话，不可认真对待。曹操当时正雄心勃勃，网罗天下豪杰，喜欢听门下的宾客吹捧他是"周公吐哺，天下归心"，正在"挟天子以令诸侯"的时候；后来看到汉朝真正是完蛋了，还发出狂言："若天命在吾，吾其为周文王乎？"他怎么会真正认为酒能解忧呢？所以人说"孟德多诈"。

记得还传说萱草可以令人忘忧。这倒可能有点科学根据：也许萱草某些部分带有麻醉性，吃了可以使人昏迷不省人事吧。不过古人又说"位卑未敢忘忧国"，又说要"先天下之忧而忧"。看来"解忧"也好，"忘忧"也好，都不大妥当，那怎么办呢？只好让曹孟德去"文责自负"了。

酒故

黄苗子

　　夸奖过"宝贵意见","拜"了,只
并不实行,这正是官僚主义的典型。

　　苗子曰:君友杨宪益,沉湎曲蘖,嗜威士
而赐之以佳名曰"苏格兰茶",盖讳言酒也。
直谏尽友道,因集古酒人荒诞之事以进之,题曰
纪故实也。宪益阅此,殆会心笑,而哂之曰:
教也!

　　小时候读书,对禹很崇拜。书上说:"禹
好善言",觉得这样一位古代贤君圣主(虽然
生的考证,说禹只不过是一条"毛毛虫")
于克制自己的嗜好而爱听群众的有益舆论。
大了,对事物总爱动动脑筋,这才知道小时

我想通过这四本饮食图书提倡一种美学,我称之为"各"美学。

谈吃、萝卜白菜,各有所爱。说茶,则各言我茶。
说酒,使各言我酒。谈风度,是各以为然的风度。
万物各有千秋,百姓各有所乐。

句话是上了儒家的当。你看，禹的生存年代，约公元前2100，即距今四千年前，距新石器时期的氏族社会还很近，那时的酒，只是烂野果或谷类植物泡在水里发酵造成，顶多像今天的甜酒，含酒精量不多，决比不上大曲、茅台、五粮液……根本说不上"旨"。喝点果酒，醉不了人，他老人家就不高兴了。《说文》："古者仪狄作酒醪，禹尝之而美，遂疏仪狄。"说明禹这个人伪善。"禹闻善言则拜。"（《孟子》）"拜"，用今天的话，等于说，"你提的意见已看过，十分宝贵"，夸奖过"宝贵意见"，"拜"了，只是并不实行，这正是官僚主义的典型。何况仪狄做的既然是"美酒"，这就可以出口赚外汇，国家酒税收入也可大大增加。从经济价值来衡量，仪狄先生实在是一位科技生产的开拓性人物，如果禹不"疏"他，那么不要说威士忌、白兰地、XO……之类用外汇买的奢侈饮料可以不必由外国进口，最低限度"可口可乐"那种不醉人的甜饮料，也可以不需引进设厂了。一方面赚外汇，一方面节省国家外汇支出，"旨酒"肯定不是什么可"恶"的！想通之后，鄙人对于禹，就不那么崇拜了。

读过鲁迅先生的《魏晋诸贤与药及酒》一文的人，约略知道"诸贤"的饮酒服药，带有点"避世"之意，但也不尽然。当时有两个大酒鬼——嵇康和阮籍。嵇康同曹操的后代有裙带关系，官拜中散大夫，后来司马氏取代了曹氏家族，嵇康失去了靠山，只好回家当铁匠，图个出身好的工人阶级，以为这就没事了。但是依旧逃不过权奸钟会的手掌，嵇康"夏月常锻大柳下，钟会过之，康锻如故。康曰：'何所闻而来，何所见而去？'会曰：'有所闻而来，有所见而去。'"（《晋书》）双方针锋相对地口舌一场，钟会便借故杀了嵇康，他临死只遗憾他所弹的《广陵散》没有传给后代。

阮籍这家伙比嵇康"鬼"得多，嵇康喝酒只是喝酒，没有借酒来搞什么名堂，阮籍却不然，"司马昭（晋文帝）初欲为子炎求婚于籍，籍沉醉六十日，不得言而止。""钟会欲置之罪，皆以酣醉获免。"小说上有"借水遁""借土遁"之法，他老兄却发明了借"酒"遁，不想把女儿嫁给高干子弟（后来还当上了地位相当于中央主席的"晋武帝"），就借酒装醉。对付野心勃勃的对立面，也借"酣醉"的办法得免于"罪"。司马昭用他做"大将军""从事中郎",他为了不太靠近权贵,以免猴年卯月"咔嚓"一声丢去了脑袋不太好玩,就借口警卫部队步兵炊事班会酿酒,还存下了三百斛酒,就要求当步兵校尉这个"官显职闲,而府寺宽敞,舆服光丽,伎巧必给"(《通典》)的武散官,乐得个逍遥自在。阮籍终于不像嵇康那样傻,白白地给奸雄钟会"咔嚓一刀"。

宋叶梦得的《石林诗话》中说道:"晋人多言饮酒,有至沉醉者,此未必真在酒,盖时方艰难,人各惧祸,惟托于醉,可以粗远世故。盖自陈平、曹参以来,已用此策。《汉书》记陈平于刘吕未判之际,日饮醇酒、戏妇人,是岂真好饮耶? 曹参虽与此异,然方欲解秦之烦苛,付之清净。以酒杜人,是亦一术。"这种"此未必意真在于酒"的权术,恐怕不是酒徒所认同的。不过我们北面的邻居,据说不久前也有很多酗酒的居民,他们也常常"以酒杜人"。可惜他们吃醉了经常回家打老婆,家庭矛盾超过政治矛盾。

钟会这厮,从小就暴露出他那肆无忌惮的性格:有一天，趁他爹午睡，他和哥哥钟毓就一起去偷酒喝。老爹钟繇其实没睡着，就偷看他两人的举动。钟毓端了酒，作个揖才饮下去，钟会舀起了酒就喝，没有作揖，钟繇起来问钟毓，为啥作个揖才喝酒，钟毓说："酒以成礼，不敢不拜。"问到钟会，他干脆说："偷本非礼，所以不拜。"（《魏略》）是啊，那些滥用公款饱入私囊的，还恭恭敬敬地向国库作个揖，这才是头等"傻冒"！

钟会后来终于反了司马昭，最后被乱军杀了。

和嵇、阮同属"竹林七贤"的另一个大酒鬼刘伶，也是酒界中知名度很高的前辈。那时候的人，可是不太讲精神文明，刘伶喝醉了，就"脱衣裸形在屋中"。虽然那时《花花公子》之类的刊物尚未出版，他也算得当今"天体运动"和"脱星"的老祖宗了。有人责怪这醉鬼太放肆了，刘伶说："我把天地当居室，把房子当裤衩，是你们自己跑进我的裤衩当中去，你怎么怪我呢？"（《晋纪》）这句话在入世的哲学家看来，是彻底的荒谬的主观唯心论，但文学家会欣赏他的浪漫主义意念，认为没有这种荒诞的意念，文学是不会产生的。（虽然他生平"未尝厝意文翰"，一辈子只写过一篇《酒德颂》）彼亦一是非，此亦一是非，且由它去吧。人类都喜爱外形美和勇敢品德，可是史书上却说刘伶"容貌甚陋"。他曾经和人争吵，别人抡起拳头就要揍他一顿，你猜他怎么回答的？他站起来慢慢地说："鸡肋何足以当尊拳。"那人也确实觉得不值得打那么一个"孬种"，于是这场本来极其壮观的超级武打，就告终了。不要以为凡是酒人都是武二一般好汉，即使自认为"以细宇宙、齐万物为心"的刘伯伦，在现实生活面前，其实也不过是自认豸虫的阿Q之前辈云耳。

刘伶当过建威参军这不大不小的官，"常乘鹿车，携一壶酒，使人荷锸随之，谓曰：'死便埋我。'"（《晋书》）似乎对个人的生死看得很随便，但是从他在拳头面前的那副熊样，很可能鹿车上受点风寒，也得马上赶回家去喝板蓝根和速效感冒片。他这句话说得倒通达，可比起三国时代的郑泉，却差得远了。郑泉这个醉猫，临终前告诉他的朋友说："必葬我陶家（注：做陶器的人家）

之侧，庶百岁之后，化而成土，幸见取为酒壶，实获我心矣！"（《吴志》）郑泉的遗嘱，希望骨灰变成泥巴，让百年之后，制陶的人把它捏成一个酒壶，这才不愧是个真正的酒汉！如果我的朋友——工艺美术家韩美林捏的一个酒壶确实用的是郑泉骨灰的料，那么，我一定由他讨来转赠给杨宪益兄。不过世界上事情往往不尽如人意，保不定百年之后，陶家挖了郑泉的骨灰，却捏了个尿壶……

　　《遁斋闲览》有一段故事："郭朏有才学而轻脱。夜出，为醉人所诬。太守诘问，朏笑曰：'张公吃酒李公醉者，朏是也'。太守因令作《张公吃酒李公醉赋》，朏援笔曰：'事有不可测，人当防未然。清河文人，方肆杯盘之乐；陇西公子，俄遭酩酊之愆。'守笑而释之。"张公吃酒李公醉，是古时候一句俗话。郭朏好端端被人诬告他喝醉闯祸，当然是无妄之灾，幸好这太守也是个书呆子，叫他作一篇赋就放走了。大革文化命的年头，被诬的很多，你越是掉书袋，越是引用经典著作据理力争，你就越倒霉。毕竟玩弄政治的像这位太守那样的人少。至于郭朏那首《张公吃酒李公醉赋》的开头两句，倒是耐人寻味的。

自古及今，似乎诗和酒的关系特别亲切，以酒为题材的诗，真是罄竹难书。陶渊明是较早的一位酒诗人，李白更不必说，据郭老的考证，杜甫也是个酒鬼（当然，他的《饮中八仙歌》不会把他自己写进去）；我倒是喜欢白居易的《劝酒》：

> 劝君一杯君莫辞，
>
> 劝君两杯君莫疑，
>
> 劝君三杯君始知。
>
> 面上今日老昨日，
>
> 心中醉时胜醒时；
>
> 天地迢迢自长久，
>
> 白兔赤乌相趁走。
>
> 身后堆金挂北斗，
>
> 不如生前一樽酒！

地球永远转动，人的寿命短促，把短促的寿命浪费在钞票追求上，"身后堆金拄北斗"图个啥？！我近来虽然一点酒都不沾唇，但"面上今日老昨日，心中醉时胜醒时"的酒徒心情，却是能了解的。

这里还是用姓杨的故事作结束：宋初有个老头儿叫杨朴（据说近来的文艺家都喜欢认个祖宗，我没有考证过他是宪益的第几代祖宗，也不知道他认不认），是个怪人，平日骑头驴子在郊外溜达，然后躺在草窝里作诗，"得句即跃而出"，把过路人吓一跳。宋太宗、真宗都召见过他。

《侯鲭录》有这一段记载："宋真宗征处士杨朴至，问曰：'临行有人作诗送卿否？'对曰：'臣妻有诗云：更休落魄贪杯酒，亦莫猖狂爱咏诗，今日捉将官里去，这回断送老头皮'。"从前的知识分子不愿当干部，害怕什么时候闹个把运动，老头皮便"咔嚓一声"保不住。现代的知识分子受了三十多年的革命教育，知道做官是"为人民服务"的真理，于是很多人都愿意，并且实践过"捉将官里去"的光荣。不过贪酒咏诗，是否都戒了，在这里却个人都还有他的自由的。

谈饮酒——调寄水龙吟

廖辅叔

醉人可恕。

步兵烂醉厨头，中情在拒婚司马。滔滔人世，或醉或醒，谁真谁假？不曰仙乎，曲车逢处，流涎如泻。识刑天猛志，醉人可恕，且采菊，东篱下。

不落孔门窠臼，看中庸好声评价。花开一半，酒当微醉，放而非野。鲁迅曾言，耍颠李白，有时不耍。倘颓然终日，荆州书札，待如何写？

"何以解忧"

陈白尘

> 虽是普通白干，但其味并不下于茅台，
> 真是如饮琼浆啊！

祖光兄将主编一本关于酒的散文集子，这是文坛盛事。但征文于我，却是找错了门。我既非征文启中所谓的"酒坛巨将"，而且从来乐观，无忧可解。但生为中国之人，都不能说与酒无缘。三朋四友，碰上了小饮两盅；如有外宾，还得大呼"干杯！"；红白喜事，例须酒过三巡；迎宾饯行，还得猜拳行令。遇到酒坛豪门，总想出你洋相；碰上酒中饿鬼，不惜拖你下水。在下是小酒人，吃陪不起，于是乎或则醉眼蒙眬，醉扶以归；或则避席以逃，"出而哇之"。如此种种，都属酒后无德。"解忧"云乎哉？"解忧"云乎哉？！

但天下事有出人意料者。在"史无前例"的"文化大革命"中，是非竟然颠倒，凡事总得调个过儿。三流演员突然成了"旗手"，我等便成为"叛、特、走"。你能说你不忧不愁？于是乎虽在"牛棚"之中，也不免寻个解忧之策了。

　　其实，我在"牛棚"中偷偷饮酒，倒是被逼出来的。那时夜里失眠，每晚必服安眠之药。作家协会的"牛棚"原设于东总布胡同宿舍，南小街上就有一家四友药房，安眠药随时可买的。不知从何时起，安眠药突然缺货了。这是与我同病者顿增之故呢，或是药房老板防生意外？我向南京家中求援了，金玲立即寄了两大瓶来。没想到是寄给我一位侄女转交的，而这位贤侄女却大不以为然，除了责备金玲不该以大量安眠药害我之外，两瓶药给没收了。我在无可奈何之中，便去斜对门酒铺里买了半斤最起码的烧酒，在临睡之前饮上一小盅，居然有效得很，立刻入梦，代替了安眠药。

　　但人总是不能满足于现状的。虽在缧绁之中，也总追求改善自己生活。那时白天去文联大楼的大"牛棚"

里写检讨、作交代；晚上回到独居的小"牛棚"里却要自己烧饭。起初，下一碗挂面，至多再打上一只鸡蛋，就算填饱肚子了。后来逐步改善，也被逼着做出几样菜肴来了。于是原本作为安眠药代用品之用的，渐渐也用点下酒的菜肴助兴了。这点点起码的烧酒，慢慢儿当成解忧之妙品了！

到了1969年夏，文化部在湖北咸宁一块沼泽地上办起一所"五七干校"来，作家协会的革命群众，都到所谓"五七道路"上"迈大步"去了。但几个罪行严重的"专政对象"，便在北京留守这座文联大楼。这时候除了熟读"老三篇"之外，其实也无事可干，纪律不免松弛了。我也就渐渐胆大起来，每每向我的"专案组"请假，溜出文联大楼，折向灯市西口，钻进一家小酒馆里，啃上一支猪脚爪，喝上二两二锅头了。这时候也确实是可以忘忧的。

可是好景不长，到年底，忽又恩准我等到咸宁"五七干校"去"劳动改造"了。这儿轰轰烈烈大抓革命，可不如文联大楼的清闲了，自然也谈不上什么解忧之策了。

但凡事总是日久玩生的。初到咸宁，当地鱼虾物美价廉，伙食不错。但咸宁农村，经不住这近万人的干校大吃大喝，鱼虾枯竭了。"革命群众"每逢星期，总得想法子自我牙祭。这座被艳称的所谓"向阳湖"，除了距离十几里路的咸宁县城以外，环湖周围只有两个集镇可去：一叫窑嘴，是产鱼区，但较远；一叫甘棠镇，离我连部只三五里路。这个甘棠镇虽然不大，倒也百货齐全，还有两三家小饭馆，可以小酌。因此，革命群众们除去采购日用品之外，每每兼去小饭馆打个"牙祭"。至于我辈"专政对象"，虽也可以同样请假，同样采购日用品，但就不敢进馆子喝两盅。因为身份不同，在我辈身旁总指定一位"革命群众"做义务的"崇公道"。你怎能和"革命群众"平起平坐呢？只好咽咽口水而已。

　　但我不肯服输，每次去趟甘棠镇，除了采购日用品之外，也还颇有收获的。最初我们寄居老百姓家，晚上都点煤油灯。因此所谓采购日用品之中必定包括煤油。煤油例用空酒瓶去盛的，我每去甘棠，必携两只空酒瓶。当那位"崇公道"走进饭馆之后，我便去采购日用品了。

卖煤油的杂货铺同时也卖酒，只要眼尖手快，用一只瓶来打煤油，另一只，便来个鱼目混珠了。而且两只瓶系在一起，谁也不会生疑。

等到这天晚上，大家都上床入梦之后，摸出那瓶酒来，偷偷喝上两口，虽是普通白干，但其味并不下于茅台，真是如饮琼浆啊！

尽管新校舍落成，通上电灯，但我却贬去湖里，先种菜，看园子，后来做了鸭倌，总还是离不了煤油灯，于是我总有两只空酒瓶。一直到我因病被遣回南京。

"文革"过去了，朋友们每每惊叹道："你这十年是怎么熬过来的？"我只是笑而不答。除了其它因素之外，大概该说声："谢谢杜康"了。

八七年十月三日，旅居中。

佩尔诺酒厂

——《法国，一个春天的旅行》之一章

徐迟

> 佩尔诺酒厂十分关心这样的问题：饮酒
> 本是一种享受，但它也带来过危害人的健康
> 的恶果，并且能够致人以道德上的破坏。

这一次在巴黎我只能看一个酒厂。呵，狄奥尼修斯酒神的工厂！佩尔诺酒厂。

但它，毕竟是一家著名的工厂。我第一眼就被眼前这个建筑物的奇异震慑住了。

佩尔诺酒厂的主体建筑是一个巨型的金字塔，并且是一个它的尖顶朝下的颠倒了的金字塔。它的尖顶插进土地约有一小部分，而它的巨大底座却在空中坦开。三个平面是向内倾斜的。它又居然并不倒坍——这在力学

上也是一个力作了。

　　可惜我对建筑懂得太少。在走向这个倒立的金字塔时，像一粒沙进入蚌壳，像一条小鱼进入鲸鱼的嘴，自己的影子先映入金字塔的一面向内倾斜的巨大窗户。头顶上，高耸的塔基已伸到我背后去了。连绵的大玻璃窗上涂着一层化学药剂，从外面看不到里面，而里面却还可以看到外面。我们进了酒厂的咽喉，大门里面是一个宽敞的色彩调和的前厅。前厅正中有一个环形的小柜台。感谢这个酒厂，小柜台上放着一些五星红旗和三色旗的半圆形座子，说明法中友协事先已经告诉了酒厂，今天将有中国的访问者前来，因而飘扬起两国的友好旗帜。

　　小柜台中坐着一位女士。在互相问候之后，她按了按电钮，便有一位中年的先生出来接待。他立即带领我们走向酒厂前厅的右边，直到我们走进一座电影院或会议厅。

　　这电影院并不比凡尔赛宫的歌剧院小了多少。没有后者那么豪华，却有九色调和，由淡而入深，给人以现代化的视觉上的美感和舒适感。

那舞台上的色调是淡黄色的。自舞台到前三排座位，从天庭到地面一律是这柔和的淡黄颜色。但从四至六排，颜色渐深，较淡黄为深，却又没有从七至九排的转为那么深沉的深黄色。从十至十二排已转为淡红，从十三至十五排又转为红色，较之淡红略深，又没有十六至十八排的深红那样红得深沉。自十九到二十一排便转呈淡紫之色，二十二至二十四排也转为紫色，较之淡紫则略深，而又没有二十五排至二十七排的紫褐色的那么深紫。

整个电影场，或会议厅，在调色上显出了它的特点。陪伴我的那位先生（很对不起，我忘了他的尊姓大名）也说了一句话："建筑师为了人与环境的协调，在这种彩色配合上用了一番心思，效果很好。但是——"他接下来说道："请就座吧，我们将为你放映一部酒厂史的电影。你是听法文的配音解释词还是其他语言的解释词呢？"

我回答说："英语。"他做了一个手势。我们就坐在十五排红色的座上。灯光黯了下来，电影开始放映。五分钟之内，我看到了这个佩尔诺厂的约二百五十年的一部视觉的历史。如何从一个小小的酒店开始，经过法国大革命，唱着《绞死你，绞死你》的歌子，它逐渐扩展。然后它和这家那家酒厂合拼起来，愈形扩大。十九世纪怎么酿制了这种那种名酒。第一次第二次大战又如何如何改进了这几种那几种主要香草的配料与配方。电影隆重地推荐了三种著名的产品：苏齐酒，帕斯蒂斯五十一号和佩尔诺四十五号酒。导演手法简练之至。画面像一幅幅的油画。音乐是现代风格的。一转眼间，我对我将要参观的对象便有了相当明晰的认识。对于芬芳的酒浆，便也有了微醺的感觉。

观看了这一段的电影序曲，我们进入佩尔诺酒厂的主控制室。

那位陪同我的先生，显然对我们国家是相当了解的。现在他对我介绍的和谈论的竟是侧重于体力劳动和脑力劳动缩短距离的主题上。主控制室成了他演奏这一幻想风格的美丽主题的金色大竖琴了。他带我走在一条白色瓷砖铺砌的小径上，它的尽头就到了主控制室的正中心，那里放着一张椅子。荒诞派的戏剧摆起无数的椅子在舞台上，殊不知现代工业社会的真正椅子是在这里。它上面坐着一位年轻的电脑专家。忘了他的名字，记得他的姓，称作福西埃尔先生。年岁还不到三十，可是他坐在两台高级计算机之间，坐在这张椅子上。他不过是坐在这白瓷砖铺砌的舞台中心，就可以监督着电子计算机的运行。在主控制室的四周有着若干座酿酒的大罐环绕，它们都有彩色的和波浪形流线型的美术设计，而整个佩尔诺酒厂就在他的指挥之下美妙地进行不息。每台电子计算机指挥着二十几种美酒的配方、酿制、装瓶、封盖、装潢、装匣、装箱，全部自动进行。两台电子计算机管理着四十几种美酒的生产流程。主控制室同样安置在使人会感到非常舒适的酒厂主调色彩（黄、红、紫）的柔和的光线底下。福西埃尔先生恬静地坐在舞台中心，只不过操点心思罢了。脑力劳动就这样代替了过去大量的粗重的流汗的体力劳动。

这是个三级电子计算机操纵的酒厂，这主控制室里的是第一级电子计算主机，还需要各个车间的第二级电子计算机以及若干个机械部件上的第三级电子计算机的协作，控制和调节全厂生产。我们从主控制室出来，走在工艺流程的途中，解释员先生只在这里那里打开电视机，便把几个车间的内部情况反映到巨大的荧光屏幕上，让我们细细观看。已经一览无余，便无需进入车间内部。他告诉我们，走这样的参观路线，用这样的参观方法，不至于影响生产。从屏幕上可以看到的，比肉眼去看还更恰当并更清楚。

当我们进入最后一道工序的最大的一个车间时，我们却并不是从电视屏幕上看到，而是身临其境，进入了一个六层高楼，全部由框架组成，全由几台天车在一行行和一层层框架之间来回奔驰。这是可容一百万瓶已经装好箱的酒瓶最后运送到出口处装车运走的场景，很是壮观。这些框架被贴切地命名为蜂房，共有两千个蜂房。这个车间的高处有一个玻璃房子，也有翠袖红衫的四五位女士在操纵二级电子计算机。在这些蜂房之间，天车底下，我们看到二三工人漫步来去，也似乎很闲散，他们只是在倾听机件运转的声音，在这里那里察看察看而已。

生产的部分看过,我们又在试验室的门外经过。白衣的科研人员在进行各种在烧瓶上、试管里的等等化学方法的仔细实验。陪同我们那位先生说,佩尔诺全厂五百人,其中从事生产的工程师、技术员、工人不过五十人,从事行政的、商务的和服务性的人员占三百五十人,但试验人员却也占了一百人。他们有许多研究专题。例如,如何使酒浆给予饮用者以最大的满足和最少的伤害等等。陪同的先生说,佩尔诺酒厂十分关心这样的问题:饮酒本是一种享受,但它也带来过危害人的健康的恶果,并且能够致人以道德上的破坏。但是可以预防的,现代科学能够战胜这些由酒的源泉而引起的社会问题。

在参观办公室时,他又发挥了一通环境舒适的议论,谈到室内的颜色、光线、空气、绿化,直到桌椅的设计等等。他侈谈着关心人的问题,无论生产场所或行政厅室都必须关心到职工们身心健康和工作时间的愉快情绪。这样才能保证工作的效率和产品的优良。

我们又参观了酒厂的福利事业,咖啡座、餐厅、健身房、草坪。最后来到酒吧间，我们试尝了他们的几种名酒，喝得出来醇正的香味。陪饮者一直滔滔不绝地谈着人的主题，使我想到，他在接待我之前是考虑到我会最感兴趣的问题的。这位初次见面的麦歇使我感到高兴的是，原来伴随着电子计算机为中心的工业而来的，还不仅仅是物质生产上的发达，而且还有只能建立在生产发达基础上的思想意识上的显著进步，于是我们就为此而祝酒了。

佩尔诺酒厂每天接待许多外国参观者。它是巴黎的一个小小橱窗。这样的橱窗并不坏。橱窗里展出的是可以成为明日人间，也包括我国在内的，普遍的现实。工业较发达的国家向工业较不发达的国家所显示的，只是后者未来的景象。

我与酒

常任侠

有些年不亲杯中之物，可以说在闹新房之后所得的体会。

酒的发明，不知始于何时何人，一般都归之杜康。但在商代的甲骨文中，已有酒字。传说纣作"酒池肉林"，这可以推测，至少已有五千年的历史。在我幼小的时候，每年旧历新年，必须用自己家酿的黄酒来祭祀天地祖先，不用烈性的白酒。自酿的醴酒，用小米蒸熟发酵，味甜而淡，酒精度甚低。习俗自古相传，年年如是。我想，我们的古代祖先，大概所饮用的是甜酒，与现在的白干是不同的。

在我童年的时代，最喜欢的是糯米酒酿，味甜而浓，晒干时酒汁可以结成白片，至今煮元宵还用这样的酒酿。

它深得儿童和成人的共同喜爱，因此酿造者每日沿村叫卖，到处都受到欢迎。我常买来存贮在床头，芳香浓郁，数日不变。食其糟而饮其醨，甘沁齿牙，香萦梦寐，至今思之，可以说是我在童年时的故乡，所尝到的最美的佳酿了。

我在何时试饮烈性的白酒，今已忘记；但有一事永不能忘。大约在十四五岁时，南村的表兄辈结婚，我去闹房。新房中放着一瓦瓶强烈的白酒，新郎说：这好酒你敢喝么？我是天不怕地不怕的性格，说是新娘来酌酒，我就喝。不料这位羞羞答答的新娘，从坐床走来，新郎拿来一只大碗，她把起酒壶，斟满了一大碗，放在我的面前，新娘持壶立在旁边。新郎说喝吧！我明知这像是预谋陷害，但也决不示弱，拿起大碗，咕嘟嘟一气喝完，掷碗扬长而去。在月下步行两里，一路大声放歌，回到家里，和衣倒头便卧。这一卧睡了三天才觉醒，浑身蒸发着酒气，连便溺都有酒汁的味道。家人说恐怕要醉死了，不能再醒了；然而阎王不收酒汉，第四天不呕不吐，却醒转来也。

从此我对酒有了新的认识，既不可以逢场作戏，也不可以独酌解忧。如陶潜、李白那样与酒联系起来，作出美好的诗篇，我既无此才情，也不敢学步，自己决定止酒为佳。尤其在轰饮的场面，喝五呼六，震耳可厌，我就决不介入。有些年不亲杯中之物，可以说在闹新房之后所得的体会。

　　1928年我进入南京中央大学之后，吴梅和汪东、汪辟疆、胡小石、胡翔冬、黄季刚以及其他几位老师们，结"潜社"填词、作曲、打诗钟，都在秦淮河上的多俪舫中，往往到深夜才散。我曾有诗记述当时的情形：

　　　　座中酒客皆年少，

　　　　一笑酡颜各解衣。

　　　　半日豪情成放浪，

　　　　四筵雄辩有从违。

　　　　转舟泊岸楼阴静，

　　　　远市初灯树色微。

　　　　长板桥西歌管盛，

　　　　夜凉明月送人归。

我们学生辈如唐圭璋、唐桐荫、李一平、王季思、李吉行、周士钊、卢冀野等，都在青年，以瞿安师为社长，其他的教授常只偶一参加，所以以作散曲为主；有时旭初先生来，改作填词；有时辟疆先生来，也打诗钟，但散后，仍须将社作曲词补上。曲终张筵，往往设宴饮酒。以吴师年最高，饮少辄醉，在家出门时，师母往往以此相嘱，保护先生，勿令醉倒。我尝任保护之责。记得某次打诗钟时，"一他"首唱，我曾作一联云：

　　一画开天垂象数；

　　他山攻玉诵风诗。

吴师评为卷首。即又作一联云：

　　他人有心规酒过；

　　一春无事为花忙。

吴师看了笑一笑，他说这不过是想当然耳。在1935年时黄季刚师以病酒早逝。1937年时，我到湘潭的桔园去问候吴瞿安师，他因酒结喉癌，不久逝于大姚。虽规酒过，也已来不及了。

1935年我到日本东京帝大，爱上了菊正宗、樱正宗，常去银座小饮，但以一杯为限。1945 年我到印度的国际大学，爱上了白兰地和威士忌，但每月只限一瓶，若果二十天饮完，后十天便不再饮了，一年以十二个空瓶为准。自 1949 年返国到京以后，柜中虽则经常贮酒，但很少饮用。自七十以后，转喜茹素。八十以后，极少擎杯。近年来，造假酒而害人者，时有所闻，茅台空瓶，居为奇货，因此望而生畏，不敢尝试，庶乎保我天年，不如止酒了。

一九八七年十月七日 夜一时写

酒歌

蒋勋

　　　　　只要一口。

只要一口

是贾谊痛哭的年纪

是王粲登楼的年纪

要像李白一样

笑入胡姬的酒肆

要像慷慨悲歌的辛稼轩

不恨古人吾不见

恨古人不见吾狂耳

晋朝的阮籍在荒山里找不到路

酒醉的刘伶放声大笑

稽康和做官去的巨源绝交

王羲之坦腹坐在床上

这头颅是年轻的头颅

请砍下去

掷在天地中

让历史惊动

这一碗酒

要敬天地

天无所不覆

地无所不载

天地不仁

我要敬它的不仁

万物如尘土、如刍狗

在风中簸扬

灰飞烟灭

这一碗酒

要敬父母

父精母血

竟成了这无辜的肉身

是机缘，或是冤孽

都让我敬一敬

这生身的父母

这一碗酒

是汨罗江边楚大夫的酒

要流泪成湘水

载着渔父的俚歌

跟大家一起醉了

跟大家一起睡了

呕吐的秽物

弄脏你满是香花的衣裳

草木零落

众芳污秽

这身体啊在凋零前

要化作永清的江水

这一碗酒

是力拔山兮

楚霸王的酒

少年英雄的末路

听四面战士的歌声

使丈夫落泪

连年征战的天下

眼前只是起舞的姬妾

虞姬啊虞姬

与江山与美人诀别

要听一听男子的高歌

最后一战的悲歌

是霸王的寂寞

霸王的爱

头颅割去

还有江水呜咽

这一碗酒

是卓文君的酒

四川的佳丽

用她最明媚的眼神

敬你以这春日的佳酿

年轻的夫婿

是诗赋动京城的人物

为他可以当垆卖酒

为他可以走出豪门

不要议论她的新寡

你且细细品尝那酒

一次至情的爱恋

要让人们叹息千年

这一碗酒

是曹子建的酒

独得了天下八斗的奇才

只为了歌咏那洛水上

飘飞的魂魄吗？

那寂寞死去的女人

只留下一个枕头

兄弟的情仇帝王的逼迫

啊，魏公子

还有没有祭奠剩下的酒

我与你一醉这永世的忧愁

这一碗酒

是祢衡的酒

是龇张的嘴须

是擂动的鼓槌

是那么奇怪的书生的愤怒

为着一点尊严

把头颅送掉

你要证明什么？

证明死亡不过是一种嘲弄吗？

嘲弄了权臣的志得意满

嘲弄了僚属们战战兢兢的苟活

嘲弄了野心家的厮杀争夺

嘲弄了自己——

这书生的酸腐与无能

那鼓声只是一种不屑

只是一种不屑啊

就要震动了天地

这一碗酒

且让我敬一敬

醉去了的陶渊明

醉梦中的世界

芳草鲜美

落英缤纷

不为五斗米折腰

不去逢迎谄媚

不拿生命浪费着

去追逐空名

这无根柢的人生

这飘飞在陌上的尘土

朋友

落地即为兄弟

你随我喝一口酒

只要一口

便可以忘了车马声喧

只要一口

便忘了这战争的世代

只要一口

便可以看见

欣欣的荣木

涓涓的水流

qinghuan
manshenhi
hulaohulai
099
hameheru
saliemaru
ululuwiah

李铁拐

林锴

噩梦别再有。

大葫芦，真无偶，

不装丹，只装酒。

人道八仙你居首，我看八成是老九。

当年天府闹革命，怪你脑筋太腐朽。

书成一捅一窟窿，几个纸兵哪能守。

王母娘娘肝火旺，一声命令赛雷吼。

蟠桃会上大批斗，口号震得天发抖。

跟头栽下南天门，牛棚一缩活像狗。

脑袋半拉剃个光，腿儿摔断瘸着走。

东街过去串西街，自编曲儿不离口。

把你来历公于众，究竟体面还是丑。

如今政策落实快归队，热烈欢迎老朋友。

上帝玉皇齐作证，那个史无前例的噩梦别再有。

【南吕·杜康引】小令

吴晓林

墙里开花墙外红。

乌古伦嘿斋氏（满族）

穷亨翻覆犹似搏鱼小燕青，

祸福因依不羡失马老塞翁；

管他讵甚葫芦倒提牙牌令，

恁且尽万古消愁酒一樽，

兀自墙里开花墙外红！

醉话

吴强

饮必止于半醉。

不知道是什么缘故，我家住的市镇上，不过三四百户，人也只千把，酿酒的槽坊竟有五家之多，而且规模很大，每家都养上一群拉石磨的骡马，雇用的酒把子、工人，少的七八个，多的十几二十，自做曲造酒，远销到百里之外的泰州、扬州、镇江以至千里之外的上海，还卖门市。这个市镇叫高家沟或称高沟。据说，高沟大曲不下于远近闻名的洋河，也是驰誉南北的好酒。

大概是酒的出产地吧，镇上吃酒成风，狂饮滥吃的人真多，小酒馆里，哪天哪晚不是划拳闹酒热轰轰的。我在刚刚记事的时候，就常常看到醉鬼酒疯子在大街上吵闹打架。一年清明节那天，我的一个会唱大戏扮过杨贵妃的叔父，就喝得酩酊大醉，人事不省，倒在家屋后面青青的麦田里。

在我的意识之中，高沟的男子汉一向以善饮自豪：不会喝酒，还算得上高沟人？

镇上不少人靠槽坊吃饭。有的在槽坊里做事；有的家里养猪，每天要到槽坊里去买酒糟；好些穷人家的孩子每天要到槽坊后门口去捡煤渣；我爸爸和我爷爷皆在槽坊里当伙计，我爸爸在槽坊公兴字号，我爷爷在东槽坊涌泉字号。我们一家二十几张嘴，就靠他们拿的微薄工薪，好的时候吃三顿，不好的时候吃两顿。

我八岁才上小学。只上了一年，便跳了一级，升到了三年级。

一个星期天，午饭过后，我和几个要好的同学，聚会在已经十五岁的个子高我一头的唐小和尚家里。在吵嚷中，唐小和尚发起，到河西去，打香椿头吃！他一出口，大家一齐说"好！"。于是，一共六个人一溜烟奔到六塘河大王庙前面的码头，上了摆渡船。到了河西岸，见到田头屋后的香椿树，会爬树的就上了树，把香椿头一把一把地摘下来，朝下面扔；在下面的，就朝衣袋里装。不一会儿，几个人的口袋里塞得满满鼓鼓的。

幸好没被树主看见，六个人又一溜烟地奔上摆渡船，回到河东唐小和尚家里。

"我去买千张子（百叶）！"唐小和尚对着我说，"你去搞酒！"

我去搞酒？我瞪着他发愣。

"装孬种！"

唐小和尚使用了激将法。

"好吧！"

我奔到北后街么兴槽坊。真巧！柜台上一个人没有。朝院子里看看，两个人在那里说话。我明白：心不要慌，手脚要快。没有装好瓶的，就拿柜台角上的空瓶子现装。说时迟，那时快，我赶紧一手抓过一只空瓶，一手拉开酒缸盖子，眼瞟着外面，手把瓶子按到酒缸里，咕噜咕噜了几下，元干大曲装满了一瓶。于是，朝长大褂下面一掩，把酒缸盖子拉上，拔脚快步出了么兴槽坊的大门，三步当两步走，飞也似的回到了唐小和尚家里。

我将香气窜溢的满满一瓶大曲酒，放到小方桌上，眼光直射到唐小和尚的团胖脸上：

"我孬种吗？"

唐小和尚和其他几个家伙一齐竖起大拇指：

"算你能干！"

唐小和尚的妈妈是个好酒贪杯的女人。她早把香椿豆和千张子用酱油、醋拌好，她把酒瓶上的荷叶塞一拔，随手斟了满满一杯，倒下了喉咙。

"好酒！"她挟了一筷子香椿豆拌千张子放到嘴里，走了。

六个八九岁十几岁的小家伙，除了唐小和尚，吃酒，都是大姑娘坐轿头一回，又喜又怕。

一口一杯，好汉！两口三口一杯，孬种！

唐小和尚是公认的司令官，他发了命令。

小屋子里吵吵闹闹，杯子碰杯子，你不让我，我不饶你，你是好种，我是好汉，你是武松，我是赵子龙……一瓶大曲，不过两斤！六个人平摊，一个人不过五六杯；而且，唐妈妈已经吃掉了一杯。

脸红，有什么关系，头晕，算得什么！

天黑了，点了美孚油灯。

醉了没有？

没有！

"谁说我们醉了？"

"我们都没有醉！"

唐小和尚叫大家一同发誓：明天，不许哪个告诉老师，说我们偷人家的香椿豆，吃酒。谁去告诉，谁就是婊子养的！

到东岳庙看打拳去！

兔子一般，十二条腿甩起来直奔东大街栅栏口。到了那里，打拳已经开始，看拳的比打拳的人多得多，我们几个人小，伸头抗肩，钻了进去。弹腿、对子拳、耍单刀，都有，我们看得有精有神。我先是站着看，后来觉得头越来越晕，便坐在地上，再过一会儿，便躺倒下来了。

迷迷糊糊之中，仿佛听到有人叫着：

"回家了！回家了！"

我则仍旧迷迷糊糊地躺在那里，躺在红袍绿袄的泥菩萨面前。

　　镇上有敲梆子打更的。在迷迷糊糊中隐隐约约地听到打了三更；再过一阵，又听见外面大街上有敲锣声，叫喊声，在石板路上奔跑的脚步声……

　　好几个人提着马灯，冲进庙堂佛殿，是我小叔叔的声音："在这里！是他！"

　　不知是两个人还是三个人把仍旧睡得死死的我连拖带抱又夯又拉，从泥菩萨面前的地上弄起来，背到家里，放到床上。真睡得死！直到这个时候，我还没有醒转过来。妈妈吓坏了，以为我真的要死了，一把眼泪一把鼻涕地号哭起来。

　　"是什么鬼人害得他喝那么多酒！？"

　　"看！醉成这个样子！"

　　奶奶也哭了，哭得比我妈妈更厉害。她边哭边编派我的爸爸妈妈。

　　"你们做什么的？！让一个八九岁的娃娃喝高粱大曲！你们喝猫尿狗尿不怕醉，他才九岁呀！……才九岁呀！让一个九岁的娃娃喝醉酒！……"

小叔叔去敲店门买来了山楂糕和一瓶酸醋。七手八脚地，将酸醋朝我的嘴巴里灌，将山楂糕朝我的嘴巴里塞。

我醒了酒，张开了眼睛。

一半是山楂糕的作用；另一半起作用的是奶奶和妈妈的号哭声与眼泪。

我明白我是喝醉了酒。

第二天，星期一照常上课。

胸口发闷，里外不舒服，只好强打精神，装着若无其事。唐小和尚也醉得一塌糊涂，吃的香椿豆、千张子全从肚子里吐了出来。

大家真的守口如瓶，没告诉老师。我胸口里难受了好几天。奶奶和妈妈都一说再说，我自己也发了誓：此后，再也不吃酒了。吃，再也不吃醉了。

14岁那年夏天，我小学毕业，考取了江苏省立第八师范。我深知家境贫寒，出外上学不易，下决心好好地把四年师范上完，毕了业，可以谋个小学教员当当，一个月有二十几元的工薪，生活过得去；不算出人头地，也算得上有知识的体面人物。

谁知事不由己。学校爆发学潮，打了校长。校长恼羞成怒，开除了一大批学生。那年，我才十五岁，对于学生掀起学潮，我同情、赞成，但我并没有参与殴打校长，可学校竟把我也开除了。

只好回到家里。开头不声不响，后来只好实说："被开除了。"

爸爸慨叹、气愤不解，点着我的脑袋：

"不要再做洋梦了！"

"少说几句！昨儿，他哭了一夜！"妈妈把爸爸推开。

爸爸回过头来：

"明儿个，到东槽坊站柜台去！"

听了，我全身凉了半截。

这怎能怨爸爸无情，只能怪自己的命运不好。

发誓不吃酒，却落到了酒坛子里。当小学徒，站柜台，卖酒，成天离不开酒。看到的是酒，闻到的是酒，睡觉睡在酒缸酒坛酒瓮之间的床铺上；一天三顿，顿顿有酒，账房先生无酒不吃饭，连早饭吃粥，他也要喝三杯酒；午饭、晚饭不用说，老掌柜的、小掌柜的、酒师傅皆是海量，每顿都得有酒有肴。他们喝酒，我这个小学徒得替他们把壶斟酒，他们酒没吃好，我就不能吃饭、离座。

"你也来两杯！"

酒师傅是我的表叔，姓许，高大的汉子。第一次世界大战期间，法国招华工，他应招去了法国，在马赛港当搬运工，干了八年才回来。他叫我来两杯，老掌柜、小掌柜的也没说不许我吃，我便给自己面前的杯子斟上。这样，就又跟酒结上了缘，时常来上两杯三杯。不能酒醉这一条，我把得很严很牢，一到觉得脸有点儿发烧，我就再也不吃下去了。

六十年风水轮流转。我竟然又得了时，借了本家哥哥的初中毕业证出外赶考，小学徒变成了高中生，进而上了大学。抗日战争爆发之后，又作为一个青年作家，到皖南参加了新四军，着上了戎装，成为一个军人，干的是宣传、文艺工作，有时候，还演演戏。

这个新四军，很不寻常。

大官小官一样，一律灰布军装，小皮带，打绑腿布。上下左右之间，讲平等，讲友爱，工作认真，学习空气浓厚。部队也有个好吃酒、闹酒的风气。逢年过节，或者打了胜仗，少不了吃一顿欢喜酒。

1939 年元旦，军政治部宣教部派一个工作检查团到前方三支队和老一团去检查工作，叫我当团长，同时配合战地服务团的慰问演出工作。

下晚，元旦聚餐会在驻地一家大客厅里举行。摆得有三十几桌酒菜，大家欢欢喜喜，济济一堂。

没有想到，酒过三巡之后，我这个代表团团长，竟成了闹酒敬酒的目标。先是主人三支队司令谭震林敬一杯，他一口喝了，亮亮杯底。（事后知道他杯子里是白开水！）我能不干？再是主人一支队的副司令兼一团团长傅秋涛到我的桌子跟前敬一杯，他倒的是高粱白酒，一口下肚。我当然不能不干。好家伙！这个站起来，端起满满的杯子，说代表司令部敬一杯，那个紧跟着站起来，代表政治部敬一杯；这个代表……那个代表……连续不断地一杯接一杯，大约不下十杯之多，咕噜咕噜地倒下了我的肚子。头能不晕？脸能不红？二十年前醉酒的戏，竟在这里重演！散了席，朝住宿的地方走去，脚下没了根，摇摇晃晃，歪歪倒倒。来了个矮矮胖胖的段洛夫，一只手扶着我的肩膀，一只手托着我的腰，像跳交际舞似的。

"《钢铁是怎样炼成的》是阁下翻译的⋯⋯伟大！了不起！"我一边摇摇摆摆地拖着他走，一边含含糊糊地说。

"伟大的不是我，是保尔！"他说。

"保尔伟大，你也伟大！"

"你醉了！"

"没有！没有！"

"哈哈哈哈！"

到了住处，我一头倒在稻草铺上，呼呼地睡了。

我这个人，九岁那年，二十九岁的这年，一样，酒醉之后，不像文学家评论家孔罗荪，酒醉了，满面是笑；也不像明星赵丹，酒醉了，嚎啕大哭；更不像酒后无德的那路人，吵吵闹闹，打打骂骂，有的还冲到大街上，看见姑娘们就上前搂抱⋯⋯而是像我的那个叔父，不声不响，像死了似的呼呼大睡。

也像九岁那年那回醉倒那样，一阵急促脚步声之后，好几个人奔到我躺着的地方，一看见我，就你拉我推，把半醉未醉的我朝外面拖拉。其中的一个朝着我说：

"戏就要开幕了，你还在睡大觉！"

"你有角色，忘啦？"又一个说。

我迷迷糊糊跟着他们奔到野外剧场的后台，这个帮我化妆，安胡子，那个帮我换上剧中老铁匠的服装，跟着，就把我从后台推到前台。

我似乎是醉了酒，朝台下一看，哎呀！一大片遮天蔽日的高高大大的白杨树林里，坐满了面前靠着刺刀闪闪发光的步枪的战士，少说也有两千四五百。

演的这部三幕话剧《繁昌之战》，是我参加执笔的，服务团人员不够，缺个演老头儿的，找到我扮演上场不多的老铁匠，在军部已经上演过好几场，今儿，又为繁昌前线的部队演出。事先早就告诉了我，要我早点到场化装，而我却又被灌醉了，躺在住处，将演出的事情搁到九霄云外去了。

这就出了洋相。

台词，全被大曲酒淹没了，三句有两句说不出来，幕后有人提词，可是，我头还有点晕，耳朵也不灵，听不清楚，该我说话，我说不出来。怎么办？只好背向观众，朝布景片子后面喊叫：

"提词声音大点！"

这是怎么回事？靠在台口看戏的一些人，看到我这个老铁匠怎么朝后台说起话来，于是，跟着我朝后台口喊叫，爆出了一阵轰然大笑。我看见那些轰然大笑的人们当中，有司令谭震林，有副司令兼团长傅秋涛，有服务团团长朱克靖和段洛夫他们。

观众们都笑了，我觉得效果不错，心里挺高兴。

这场戏就这样在笑声中演完了。

回到后台，也是别人七手八脚地朝我脸上乱涂凡士林，帮我卸装、换衣服。

三天过后，在回军部的路上，我犯了愁。检查工作的任务完成了，几个人已经交谈过，汇总了情况，由我统一向宣教部汇报，这没问题；可是，我是团长，喝醉了酒，又误了上戏……我心里不免忐忑不安，十五个吊桶打水……项英副军长下过禁令：谁喝醉了，谁要受处分！这怎么办？

原地休息！在一个小山岭的转角地方，我要检查团的四个团员坐下来，把我在心里盘算好的两句话搬出来：

"回到军部，工作汇报有我了。"我正言厉色地说下去，"我喝醉了酒，……

"我们不讲，不讲！"三个人知道我心中有病，同声说。

一个人不声不响。

瞪着不声不响的那个，我板着脸下了咒语：

"谁讲谁是王八蛋！"

不声不响的那个也响了：

"不讲！不讲！"

阿弥陀佛！

那时候，总算打小报告还未成风，没人敢当王八蛋，使我终于平安无事。

二十年醉两回。

人生难得几回醉，我却从此没再醉过。

孟德诗云："何以解忧？唯有杜康。"我有何忧？生活中，譬如谈情说爱，与朋友交往，也有不愉快时，但在部队中，在战地，获得一醉的机会，并不容易。"一醉千愁解"，我也相信。酒醒来之后，还不是照样的愁么？醉，不过是醉眼蒙眬中那一阵子罢了。所以，我纵有几多愁，也不曾向杜康先生去找寻解除之道。但是，我和杜康先生结下的不解之缘却一直持续未断。友朋聚会，逢年过节，总是要吃上几杯，或茅台，或郎酒、特曲，或绍兴加饭，或洋河，或家乡高沟的桂花露。

经过抗日战争、解放战争到1949年以后，我一直将两回醉酒的痛苦和遭人嘲笑又误了事情的教训牢记在心。任何人的敬酒，或者用激将法，我总是心中有数，最多吃到七成八成为止，所以只有几回半醉：头有点儿晕，晕得不厉害，有点儿迷迷糊糊，头脑还算清楚，走路，脚下发飘，但不是那等摇摇晃晃、歪歪倒倒。我觉得这个半醉的滋味最好，似醉非醉，可以未醉装醉，可以解忧解闷，也不妨照常上班，看看报，吃吃茶，打打瞌睡，……

人世间的许多事情，确实是未醉装醉那样装装糊涂的好。不知郑板桥的"难得糊涂"是不是这个意思。什么事情都那么清清楚楚认认真真，打破沙锅问到底，有时候还要仗义执言，当英雄好汉，结果如何？引来一堆黏在身上的麻烦，何苦来哉！酩酊大醉，醉如一摊泥，人事不懂，刮什么风，下什么雨，一概不知，哪会弄得事到临头不自由，吃了亏，挨了棒棒还不知是怎么回事，行吗？不行！根据我的经验，我说，半醉比全无醉意和酩酊大醉要好。

　　烟，有害无益，不吸了，已戒绝了十五年了。

　　酒，多吃有害，少吃有益。

　　我给自己定下戒条：

　　饮必止于半醉。

　　朋友们以为然否？

一九八七年十月于上海

我是一个欢乐而醉的饮者

白桦

> 据说我发表了一篇抒情演说，使宾主皆大欢喜。

我特别反对抽烟，我愿意担任全世界禁烟委员会主席，因为我厌恶污浊，渴望纯净的空气。所以当我听说中国还要创办一所烟草学院的时候，深感愤怒和不解。但我不反对中国式的文雅的饮酒，以缓和的节奏去对付烈性美酒，说得简练些只有四个字：以柔克刚。像烧红了的火炭似的酒滴一经入喉之后，曲曲弯弯的肠子就渐渐伸直了，僵硬的面部肌肉也松弛了，整个灵魂随之光亮起来。话可能比较多，但常常有异彩，话里有诗，有奇妙的童话，有深刻的哲理。当然，也有像车轱辘一样不断重复的唠叨。但都很美，很可爱，因为真诚。

古人有很多关于酒的名言，几乎全是"何以解忧，唯有杜康"之类。曹孟德给酒的功能定了调子。就我个人的经验而论，我在忧愁的时候是滴酒不沾的，所以我很少饮酒。有数的几次过量之饮全都是由于欢乐。

最早的一次醉饮，我才十岁。故乡那座位于城内的尼庵为了酬谢在缘簿上写了钱数的施主，在庵堂里摆了几桌"素"宴，我代表寡母去赴宴。素宴的第一道菜上的竟是一大碗红烧肉，我起先还以为是用千张豆腐做出来的艺术品，学着别的客人的样子，用一根筷子戳下去，嫩得像水豆腐，放在嘴里一含就溶化了，原来是货真价实的肥膘肉，烧得很烂、很香。在庵堂的佛前吃大肉，这还不值得一乐吗？但这是我平生第一次赴宴，一切都不能造次，别人怎么做我才敢怎么做。我拿左右眼角的余光一看，人人都很自如，似乎这正是吃大肉的最佳所在。我也就笑不出来了。接着又上了九大碗，总数是十大碗，全都是荤腥，似乎是取个十全十美的意思，却又暗含着"十戒"。上菜的小尼姑羞红着脸学着她师傅的话说：

"各位施主，全都是素菜，不成敬意！请多吃几杯水酒。"

有个黑大汉嘿嘿笑着说：

"小师傅！我就喜欢吃新鲜青菜嫩豆腐。"

说着他用一根油腻的指头戳了一下她那粉嫩的脸蛋儿。小尼姑的脸骤然变得血红，连声唱着佛号：

"阿弥陀佛！阿弥陀佛！"

我又想笑，强忍住没敢笑。觉得很开心，原来生活中还有这么开心的喜剧！从懂事那天起我都一直处于国破家亡的悲剧之中。一开心就跟着那些成年人喝起酒来，生平第一口酒真辣！辣得我连忙张开嘴哈气。当我发现别人都没有这个动作的时候，我也就闭上了嘴，咽了喉咙里的酒。不知道什么缘故，眼泪突然滑落出来，所幸没人看见，急忙用袖子擦擦干，立即装出一副很有酒量的样子，跟着众施主举起酒杯。第二口就不那么辣了，甚至还闻见了香味。左一杯，右一杯，喝得庵堂里佛像都旋转起来，住持和小尼姑也旋转起来。后来，听同席的人讲，我说了很多可笑的话，不仅引起在座众施主不断哄堂大笑，连小尼姑们也跟着笑，甚至最后老住持也笑得前仰后合。我很害怕我会说出什么不得体的话来，据说：话虽很可笑，倒也文雅，比素宴上的菜素得多，不时还冒出四言八句偈语似的打油诗来。

第二次醉饮是在1954年的春天的春城昆明，我写的第一个电影剧本《山间铃响马帮来》开拍，云南省文化局宴请编、导、演和全体摄制人员。那时候云南省第一次遇上拍电影这种新鲜事，不仅到处都不收费（包括群众演员参加劳务在内），还把我们当贵宾接待。后来，等到拍电影不那么新鲜的时候，一切都变得艰难起来，这是后话。那次宴会正赶上北京来了个边疆慰问团，田汉先生随团到了昆明，也来赴宴。当时我年方24岁，踌躇满志，以为江河湖海就像金鱼缸那样水波不兴。来者不拒，一连干了30余杯之后，一切都变得像田汉先生的微笑那样令人愉快了。据说我发表了一篇抒情演说，使宾主皆大欢喜，后来，我就不省人事了。

最近的一次醉饮是1985年1月，刚刚开完作家协会第四次代表大会。由于这次大会空前体现了民意，即使滴酒不沾也有点醺醺然。香港导演李翰祥先生邀我到团结湖水碓子东里他的北京寓所小饮。宾主二人在他那辆工作车上、"迷你"但很豪华的小客厅里，边喝边谈。我这个饮者酒量不大，要求却比较高，除了心情之外还只饮四川泸州大曲以上的中国酒。洋酒并不合我的口味。而李导属于洋派，拿出两瓶法国白兰地，据说VO很昂贵，但我以为远不如"五粮液"甘美醇厚。可那天的兴致是顾不上选择的，而且毫不设防，顺流而下。到了次日凌晨，两瓶酒全部告罄。我在还来不及即兴朗诵的时候就呕吐起来。早上醒来，李导已经飞回香港，我还躺在他的寓所里。

从我的醉史来看，和古人相反，无一不是由于欢乐而醉。我很想经常有一醉的机遇，可惜，老之将至，提得起精神痛饮的时日依然甚为稀少！我在期待着出现一个醉死的良宵……

一九七八年十一月八日，上海

酒搭起的一座桥梁

胡思升

当水源被污染的时候，是酿不出好酒的。

　　有酒的文化，必然有酒的非文化，正像有人的理性，必然有人的非理性一样。社会生活里这种形影相随的关系，是颇值得观察与研究一番的。

　　但是酒的文化与非文化，其界限是很难确定的。这是因为，不像各类酒的酒精含量，可以用度数来显示，在酒席上，你很难说一口气喝多少杯茅台或五粮液就一定头脑发昏或语无伦次。有人喝足一瓶而仍然面不改色、神志清醒、步履矫健，这就是海量；有人先来半斤才能诗兴勃发、下笔有神；可也有人三四杯下肚就头重脚轻、迷迷糊糊；有人饮酒少许就面红耳赤、手舞足蹈、身不由己了。

我忆起一则佳话：去岁深秋，距南京一百六十公里、位于洪泽湖畔的双沟酒厂，一批作家应邀结伴前往参观，少不了品尝双沟大曲。"一身兼三任"的黄宗英端起酒杯，一饮而尽，酒香使她回忆起她已故的丈夫赵丹的酒量。她即席倾吐心曲：

　　"赵丹属猫（虎），爱吃鱼，最爱喝酒。当年与周恩来总理对饮，都是半斤的量。一挥毫作画，就喊：来酒。啊！艺术和酒是分不开的。'文革'中挨斗，还要仿效李白，提出要请领一块'免斗牌'，说错了话可以免斗，结果被斗得更凶。"

　　宗英又干一杯，思潮如涌："唉！赵丹没有死。有些人死了，仍然活着。有的人活着，已经死去。水为什么会变成酒？因为有酵母。当水源被污染的时候，是酿不出好酒的。造酒的人们，我们之间，不谈也相知。我还会再来的。"

　　酒后真情。宗英发表这段散文式的独白，恰是赵丹离去六周年的日子，她没有悲伤，没有眼泪，因为赵丹还在人间，他的影片，他的墨迹，他的遗言……我对宗英说："我想起了赵丹生前悼邓拓的挽联：'悼念故人，一腔直言，竟以身殉；瞻望来日，万种艰难，犹须奋斗。'"因而我也畅饮了几杯大曲。

这样的饮酒，是无妨的，包含了深沉的文化与文化的深沉。

我忆起另一段趣事：一日，一位法国朋友宴请。他是银行家，说一口流利的中文，又对文学有浓厚兴趣。对饮几杯，酒酣脸热，他建议我和他轮流背诵中国以酒为主题的诗句或谚语，语塞者罚酒。

这一架式，我就顿感来头不小，绝非寻常之辈。

他请我先行，非常文雅地一笑。

"酒逢知己千杯少。"我只能仓促上阵。

"万事不如杯在手。"法国味的中文，极其流畅。

"不醉无回。"

"一醉方休。"

我暗暗佩服他的敏捷，可能是酒中的乙醇（CH_3CH_2OH）和其他醇类加速了他脑部血液流通的缘故。

"莫使金樽空对月。"我抬出了李白的《将进酒》。

"会须一饮三百杯。"他用李白来回敬。

"酒不醉人人自醉。"

"借酒浇愁愁更愁。"

我没有醉却有点发愁了。

"酒香不怕巷子深。"

"醉后添杯不如无。"

我发动记忆的雷达,竭力搜索少小时的"窖藏"。

"敬酒不吃吃罚酒。"

"自酿酸酒自己喝。"

一个回合紧接一个回合。桌上,贵州仁怀茅台镇的佳酿,斟满了小酒盅,正等候着"黔驴技穷"的失败者。

记忆的运转,如同扫描。

"醉翁之意不在酒。"

"今朝有酒今朝醉。"

真难不倒这个"老外"。

"富人一席酒。"

"朱门酒肉臭。"

"壶里无酒难留客。"

"有菜有酒多兄弟。"

彼此都有点吃力，是即席吟诵，不能翻书。

"僻乡出好酒。"

"酒不解真愁。"

"酒吃头杯。"

"陈酒味醇。"

有点近似说相声了。

"酒肉朋友好找。"

"有酒大家喝才香。"

到底是古已有之，还是如今杜撰，谁也分不清。

"不饮过量酒。"

"醒眼看醉人。"

只有再请李白。

"但愿长醉不复醒。"

"唯有饮者留其名。"

"五花马，千金裘，呼儿将出换美酒，与尔同销万
古愁。"

这一"愁"字，结束了我们之间的竞赛。几杯茅台

下肚，"愁"字换成了"欢"。

玉液琼浆，也使地球上的多少人嗜酒如命，成为社会公害之一，这就是酒文化研究者理应加以研究的酒的非文化的领域。

饮用少量酒，是有益的；但经常过量饮酒以至酩酊大醉，虽然飘飘然如仙人，却有酒精中毒的危险。轻度薄醉，亦无大妨。大约24个小时，身体的各种机能很快就恢复正常。可是常用过量酒来自娱，将导致人体器官——特别是肝脏和心脏的损害。饮酒过度的人得了肝硬化病，如果不停止饮酒，其后果是致命的。酒精中毒也会使脑子受损，容易出现脑体萎缩。酒醉引起各种事故，例如驾驶机动车的严重灾难，是人人皆知的。

50年代我在苏联担任记者，经常见到醉卧街头的男人。为此苏联在各城市设立了醒酒所，收容喝得人事不省的人。据苏联报刊调查统计，苏联离婚率上升的一个重大破坏性因素是家庭成员酗酒。这同俄国人的喝酒习惯不无关系。中国人喝酒，是端着小酒盅，夹着菜肴，细细品尝。俄国人端起一大杯苏联的国酒伏特加，仰脖一饮而尽，只拿起一块黑面包在鼻尖闻一闻。刺激是够刺激的，几大杯灌下去，能不躺倒吗？

目前世界上流行的趋势是，减少烈性酒的生产和消费，鼓励低度酒的发展。甚至像啤酒这样本来就含百分之四五的酒精，在美国还出现了含酒精量更低的轻啤酒（Light Beer），使妇女、少年亦能饮用。

我非常同意这样的比喻：酒搭起了一座各种人们沟通、交往、了解的桥梁。多少佳话趣谈，在酒桥上诞生、留传。有些人没有经过这座酒香四溢的桥梁走向美好的彼岸而不慎掉下深渊，是令人惋惜的。

xiruixiao
sharingxin,
lizhishuru
130
hotsanxiao
xiuianzuyi
zhishuyut

买春

王利器

> 《齐民要术》载多种制酒法，率用"春
> 酒曲"，后来就称用"春酒曲"所酿造的酒
> 为"春"。

秋雨如丝，绵绵不绝。高楼小窗，独坐冥思，于是展开稿纸，想了却《解忧集》的文债。刚把题目写好，就听有人敲门，开门一看，是四川远来的老朋友，一见面就冲着我念念有词："'旧雨不来新雨来'，想不到嘛！今天专门捎带几包土特产来看看老朋友和尊夫人。"我说："真想不到！一别就多年了。稀行，稀行！"我们边说，边拉着手一同来到寒斋小窗前，于是他把一件件土特产——天府花生、达县灯影牛肉、"剑南春"……都摆在书桌上，说道："小小土宜，足慰老兄千里莼鲈

之思吧！"我说："厚贶，厚贶！实不敢当，这真是以口腹累人了。"这时，老伴也沏来两盏蒙顶新茶，放在桌上请他品尝。他看见书案上的稿纸，已经写好了题目"买春"二字，问道："老兄又在搞啥子名堂？春可买乎？吾尝闻'寸金难买寸光阴'矣，春可买乎？"我说："当然可以买嘛。您今天送来的'剑南春'不也是买来的吗？"

"啊，原来您要买酒哟！买酒就买酒嘛，偏又要个花招说买春，是不是'饮了卯时'，一大清早就和杜康打上交道，有些酩酊酊酊，就杜撰起来了？"我说："不是杜撰，而是有书为证。"于是顺手翻开司空图《诗品·典雅》，指着"玉壶买春，赏雨茅屋"八个字给他看，"足见不是自我作故吧！今天因赏雨，而写'买春'，文生于情，亦聊以发思古之幽情，不单是为了《解忧集》之债而作也。"他说："买春有出处，吾既知之矣；酒以春名，此又何说也？"我说："《诗经·豳风·七月》写道：'……十月获稻，为此春酒，以介眉寿。'毛传说：'春酒，冻醪也。'孔疏说：'此酒冻时酿之，故称冻醪。'《齐民要术》卷上《造酒法》写道：'十月桑落初冻则收水酿者,为上时春酒,正月晦日收水,为中时春酒.'则'春酒'之'春',与四季之'春'无关,惜毛传、孔疏之未能详其故也.《齐民要术》载多种制酒法,率用'春酒曲',后来就称用'春酒曲'所酿造的酒为'春';因此,我们知道司空图所说的'玉壶买春'是买酒了.而且,我们也知道《水浒传》第十八回所写宋江在浔阳江琵琶亭上所喝的玉壶春酒,正是本诸《诗品》来起名的了.今天,老兄送的'剑南春',也是于古有之.唐李肇《国史补》卷下写道:'酒有郢之富水春,乌程之若下春,荥阳之上窟春,富平之石东春,剑南之烧春.'这不仅'剑南春'之名已见于唐代,就是咱们四川现在普遍饮用的烧酒,也是来源于唐代呀."他说:"听老兄这番话,不觉春意盎然矣.好,今天既有雨,又有春,咱们就来附庸风雅,欣赏一番吧."接着他又说:"古人拿《汉书》下酒,今天,老兄既提到《诗品》,我们就各自朗吟古人的诗句来下酒如何?"我说:"好,雅极了."他说:"那就不客气,我要占先了."于是朗诵了韦庄词:"锦江春水,蜀女烧春."我说:"本地风光,用得好!看来老兄已知春的来源，却装着不懂，来考考我，安心要浮我一大白嘛。"于是我就朗诵宋人章子厚答姑苏太守刘子先之诗曰"洞霄宫里一闲人，东府西枢旧老臣；多谢姑苏贤太守，殷勤分送洞庭春。"吟毕说道："聊借古人之诗，来表多谢之意。美酒'洞庭春色'，也见于《东坡诗集》。李太白《将进酒》写道：'古来圣贤皆寂寞，惟有饮者留其名。'看来我们这位乡中先贤，颇复中圣人，不仅以东坡肉享盛名了。"他说："好！我再来一首。"于是摇头晃脑地朗诵起来："渭北春天树，江东日暮云；何时一樽酒，重与细论文。"话音刚落，我接着说道："老兄之意，我知之矣。目前巴蜀书社正在大肆宣扬'五朵金花'，寒斋倒藏有一点，等我和老伴商量，组织劳动力，择日推豆花，开茅台，洁樽候光。今天来不及了，正好应了四川一句老话：'汉口的蚊虫——吃客。'"大家都相视而笑了。于是打开"剑南春"，打开天府花生、达县罐头，三个人就举杯相劝起来了。于时，楼外雨丝，仍然下个不息，好像是为留客而助兴一般——这比之司空表圣之"赏雨茅屋"，又别是一般滋味了。

壶中日月长

陆文夫

> 我能和酒鬼较量，而且是文醉，因而便成为美谈。

我小时候便能饮酒，所谓小时候大概是十二三岁，这事恐怕也是环境造成的。

我的故乡是江苏省的泰兴县，1949 年前，故乡算得上是个酒乡。泰兴盛产猪和酒，名闻长江下游。杜康酿酒其意在酒，故乡的农民酿酒，意不在酒而在猪。此意虽欠高雅，却也十分重大，酒糟是上好的发酵饲料，可以养猪，养猪可以聚肥，肥多粮多，可望丰收。粮—猪—肥—粮，形成一种良性循环，循环之中又分离出令人陶醉的酒。

在故乡，在种旱谷的地方，每个村庄上都有一二酒坊。

这种酒坊不是常年生产，而是一年一次。冬天是淌酒的季节，平日冷落破败的酒坊便热闹起来，火光熊熊，烟雾缭绕，热气腾腾，成了大人们的聚会之处，成了孩子们的乐园。大人们可以大模大样地品酒，孩子们没有资格，便捧着小手到淌酒口偷饮几许。那酒称之为原泡，微温、醇和，孩子们醉倒在酒缸边上的事儿常有。我当然也是其中的一个，只是没有醉倒过。

孩子们还偷酒喝，大人们嗜酒那就更不待说。凡有婚丧喜庆，便要开怀畅饮，文雅一点的用酒杯，一般的农家都用饭碗，酒坛子放在桌子的边上，内中插着一个竹制的长柄酒端。

十二三岁的时候，我的一位表姐结婚，三朝回门，娘家制酒会新亲。这是个闹酒的机会，娘家和婆家都要在亲戚中派几位酒鬼出席，千方百计地要把对方灌醉，那阵势就像民间的武术比赛。我有幸躬逢盛宴，目睹这一场比赛进行得如火如荼，眼看娘家人纷纷败下阵来时，便按捺不住，跳将出来，与对方的酒鬼连干了三大杯，居然面不改色，熬到终席。下席以后，虽然酣睡了三小时，但这并不为败，更不为丑，乡间的人只反对武醉，不反对文醉。所谓武醉，便是喝了酒以后骂人、打架、摔物件、打老婆；所谓文醉便是睡觉，不管你是睡在草堆旁，河坎边，抑或是睡在灰堆上，闹成个大花脸。我能和酒鬼较量，而且是文醉，因而便成为美谈：某某人家的儿子是会喝酒的。

我的父亲不禁止我喝酒，但也不赞成我喝酒，他教导我说，一个人要想在社会上做点事情，须有四戒：戒烟（鸦片烟）、戒赌、戒嫖、戒酒。四者涵其一，定无出息。我小时候总想有点出息，所以再也不喝酒了。参加工作以后逢场作戏，偶尔也喝它几斤黄酒，但平时是决不喝酒的。

不期到了二十九岁，又躬逢反右派斗争，批判、检查，惶惶不可终日。我不知道与世长辞是个什么味道，却深深体会世界离我而去是个什么滋味。1957 年的国庆节不能回家，大街上充满了节日的气氛，斗室里却死一般的沉寂，一时间百感交集，算啦，反正也没有什么出息了，不如买点酒来喝喝吧。从此便一发不可收拾……

小时候喝酒是闹着玩儿的，这时候喝酒却应了古语，是为了浇愁。借酒浇愁愁更愁，这话也不尽然，要不然，那又何必去浇它呢？借酒浇愁愁将息，痛饮小醉，泪两行，长叹息，昏昏然，茫茫然，往事如烟，飘忽不定，若隐若现，世间事人负我，我负人，何必何必！这时间三杯两盏64°，却也能敌那晚来风急。设若与二三知己对饮，酒入愁肠便顿生豪情，口出狂言，倒霉的事都忘了，检讨过的事情也不认账了："我错呀，那时候……"剩下的都是正确的，受骗的，不得已的。略有几分酒意之后，倒霉的事情索性不提了，最倒霉的人也有最得意的时候，包括长得帅、跑得快、会写文章、能饮五斤黄酒之类。喝得糊里糊涂的时候便竞相比赛狂言了，似乎每个人都能干出一番伟大的事业。不过，这时候得注意有不糊涂的人在座，在邻座，在门外的天井里，否则，到了下一次揭发批判时，这杯苦酒你吃不了也得兜着走。

　　一个人也没有那么多的愁要解，问君能有几多愁，恰似一江春水向东流。愁多得恰似一江春水，那也就见愁不愁，任其自流了。饮酒到了第二阶段，我是为了解乏的。1958年"大跃进"，我下放在一爿机床厂里做车工，连着几个月打夜班，动辄三天两夜不睡觉，那时候也顾不上什么愁了，最高的要求是睡觉。特别是冬天，到了曙色萌动之际，浑身虚脱，像浸在水里，那车床在自行，个把小时之内用不着动手，人站着，眼皮上像坠着石头，脚下的土地在往下沉，沉……突然一下，惊醒过来，然后再沉，沉……我的天啊，这时候我才知道，什么叫瞌睡如山倒，此时如果有高喊八级地震来了！我的第一反应便是：你别嚷嚷，让我睡一会。

别叫苦，酒来了！乘午夜吃夜餐的时候，我买一瓶二两五的粮食白酒藏在口袋里，躲在食堂的角落里喝。夜餐是一碗面条，没有菜，吃一口面条喝一口酒；有时候，为了加快速度，不引人注意，便把酒倒在面条里，呼呼啦，把吃喝混为一体。这时候倒不大同情孔乙己了，反生了些许羡慕之意。那位老前辈虽然被人家打断了腿，却也能在柜台前慢慢地饮酒，还有一碟多乎哉不多也的茴香豆。

喝了酒以后再进车间，便添了几分精神，而且浑身暖和，虽然有点晕晕乎乎，但此种晕乎是酒意而非睡意，眼睛有点蒙眬，但是眼皮上没有系石头，耳朵特别尖灵，听得出车床的异响，听得出走刀行到哪里。二两五白酒能熬过漫漫长夜，迎来晨光熹微。苏州人管二两五一瓶的白酒叫"小炮仗"。多谢小炮仗，轰然一响，才使我没有倒在车床的边上。

　　酒能驱眠，也能催眠，这叫化进化出，看你用在何时何地，每个能饮的人都能无师自通，灵活运用。1964年我又入了另册，到南京附近的江陵县李家生产队去劳动。那次劳动是货真价实，见天便挑河泥，七八十斤的担子压在肩上，爬河坎，走田埂歪歪斜斜，摇摇欲坠，每一趟都觉得再也跑不到头了，一定会倒下了，结果却又死背活缠地到了泥塘边。有时还想背几句诗词来代替那单调的号子，增加点精神刺激，可惜什么诗句都没描绘过此种情景，只有一个词牌比较相近——《如梦令》，因为此时已经神体分离，像患了梦游症似的。晚饭以后应该早早上床了吧，不行，挑担子只能劳其筋骨，却不动脑筋，停下来以后虽然浑身酸痛，头脑却十分清醒，爬上床去会辗转反侧，百感丛生。这时候需要用酒来化进。乘天色昏暗，到小镇上去敲开店门，妙哉！居然还有兔肉可买。那时间正在"四清"，实行"三同"，不许吃肉。随它去吧，暂且向鲁智深学习，花和尚也是革命的。急买白酒半斤，兔肉四两，酒瓶握在手里，兔肉放在口袋里，匆匆忙忙地向回赶，必须在不到二里的行程中把酒喝完，把肉啖尽。好在天色已经大黑，路无行人，远近的村庄上传来狗吠三声两声。仰头，引颈，竖瓶，见满天星斗，时有流星；低头啖肉看路，闻草虫唧唧，或有蛙声。虽无明月可邀，却有天地作陪，万幸，万幸。我算得十分精确，到了村口的小河边，正好酒空肉尽，然后把空酒瓶灌满水，沉入河底，不留蛛丝马迹。这下子可以入化了，梦里不知身是客，一夜沉睡到天明。

　　饮酒到了第三阶段，便会产生混合效应，全方位，多功能：解忧，助兴，驱眠，催眠，解乏，无所不在，无所不能。今日天气大好，久雨放晴，草塘水满，彩蝶纷纷，如此良辰美景，岂能无酒？今日阴云四合，风急雨冷，夜来独伴孤灯，无酒难到天明。有朋自远方来，喜出望外，痛饮；无人登门，孑然一身，该饮；今日家中菜好，无酒枉对佳肴；今日无啥可吃，菜不够，酒来凑，君子在酒不在菜也……呜呼，此时饮酒实际上已经不是为了什么，就是为了饮酒。十年动乱期间，全家下放到黄海之滨，现在想起来，一切艰难困苦都已经淡泊了，留下的却是有关饮酒的回忆。那是个荒诞的时代，喝酒的年头，成千的干部下放在一个县里，造茅屋，种自留地，养老母鸡，天高皇帝远，无人收管。突然之间涌现出大批酒徒，连最规正、最严谨、烟酒不沾的"铁甲卫士"也在小酒店里喝得面红耳赤，扬长过市。我想，他们正在走着我曾经走过的路："算啦，不如买点酒来喝喝吧。"路途虽有不同，心情却大体相似。我混在如此之多的故交新知之中，简直是如鱼得水。以前饮酒不敢张扬，被认为是一种堕落不轨的行为，此时饮酒则为豪放豁达，快乐的游戏。三五酒友相约，今日到你家，明日到他家，不畏道路崎岖，拎着自行车可以从独木桥上走过去；不怕大河拦阻，脱下衣服顶在头上泅向彼岸。喝醉了，倒在黄沙公路上，仰天而卧，路人围观，居然想出诗句来了："醉卧沙场君莫笑，古来征战几人回！"那时最大的遗憾是买不到酒，特别是好酒，为买酒曾经和店家吵过架，曾经挤掉棉袄上的三粒钮扣。有粮食白酒已经不错了，常喝的是那种地瓜干酿造的劣酒，俗名"大头昏"，一喝头就昏。偶尔喝到一瓶优质双沟，以玉液琼浆视之，半斤下肚，神采飞扬，头不昏，脚不浮，口不渴，杜康酿的酒谁也没有喝过，大概也和双沟差不多。

喝到一举粉碎"四人帮"，那真是惊天动地的，高潮迭起。中国人在一周之间几乎把所有的酒都喝得光光的。我痛饮一月，拔笔为文，重操旧业，要写小说了。照理说，从今而后应当戒酒，才能有点出息。迟了，酒入膏肓，迷途难返，这半生颠沛流离，荣辱沉浮，都不曾离开过酒。没有菜时，可以把酒倒进面碗，没有好酒时，照样把大头昏喝下去。今日躬逢盛宴，美酒佳肴当前，不喝有碍人情，有违天理，喝下去吧，你还等什么呢？！

喝不下去了！樽中有美酒，壶中无日月，时限快到了。从1957年喝到1987年，从二十九岁喝到五十九岁，整整30年的岁月从壶中漏掉了，酒量和年龄是成反比的，二两五白酒下肚，那嘴巴和脚步便有点守不住。特别是到老朋友家去小酌，临出门时家人千叮万嘱，好像我要去赴汤蹈火，连四岁的小外孙女也站在门口牙牙学语："爷爷你早点回来，少喝点老酒。""爷爷知道，少喝，一定少喝。"无奈两杯下肚，豪情复发："咄，这点儿酒算得了什么，想当年……"当年可想而不可返，豪情依然在，体力不能支，结果是踉踉跄跄地摇回来，不知昨夜身置何处。最伤心的是常有讣告飞来：某某老酒友前日痛饮，昨夜溘然仙逝。不是死于心脏病，便是死于脑溢血，祸起于酒。此种前车之鉴近三年来每年都有一两次。四周险象丛生，在家庭中造成一种恐怖气氛，看见我喝酒就像看见我喝敌敌畏差不多。儿女情长，英雄气短，酒可解忧，到头来却又造成了忧愁，人间事总要向反方向逆转。医生向我出示黄牌了："你要命还是要酒？""我……"我想，不要命也不行，还有小说没有写完；不要酒也不行，活着也少了点情趣，答曰："我要命也要酒。""不行，鱼和熊掌不可得兼，二者必须取其一。""且慢，这样吧，我们来点中庸之道。酒，少喝点；命，少要点。如果能活到八十岁的活，七十五就行了，那五年反正也写不了小说，不如拿来换酒喝。"医生笑了："果真如此，或可两全，从今以后白酒不得超过一两五，黄酒不得超过三两，啤酒算作饮料，但也不能把这一瓶都喝下去。"我立即举手赞成，多谢医生关照。

第三天碰到一位多年不见的酒友，却又喝得昏昏糊糊，记不清喝了多少，大……大概是超过了一两五。

一九八七年十月十日

关于"饮酒"的一场笔墨官司

荒芜

　　　　　　我的打油诗还要继续写下去。

　　1979 年 5 月号《读书》杂志刊登了我的一组赠答诗，总题叫做《有赠》，最后一首叫做《赠自己》。1980 年中国社会科学杂志社《未定稿》第 4 期发表了元石同志的《读荒芜的诗文有感并作简介》。该文共分三节，第一节是专批我那首《赠自己》的。为了避免断章取义，让读者得窥全豹，我现在先把该文第一节全文抄引出来，然后略陈我写那首诗的背景、动机和构思过程，最后谈谈我对批评和争鸣的意见。原文如下：

　　偶然翻阅 1979 年第 5 期的《读书》杂志，读到荒芜同志的一首诗《赠自己》，不禁为它吸引住了。几乎欲罢不能地令我深思：为什么粉碎"四人帮"迎来人民的春天已经两三个年头了，我们的作家还要发表耽酒和避世的诗呢？这里到底表现着一种什么样的思想倾向，我们该不该引起重视？

诗是这样写的：

　　羞赋《凌云》与《子虚》，

　　闲来安步胜华车。

　　三生有幸能耽酒，

　　一着骄人不读书。

　　醉里欣看天远大，

　　世间难得老空疏。

　　可怜晁错临东市，

　　朱色朝衣尚未除。

诗人是有丰富的历史知识的，做到了"观古今于须臾，抚四海于一瞬"，豁豁然游刃有余。《子虚》赋的作者司马相如和汉景帝的御史大夫晁错都是同时代的西汉人，历史从这里借端，款装于今天来警戒荒芜自己（原文如此——引者）；从"可怜晁错临东市（可怜晁错被杀了头）到荒芜的"三生有幸能耽酒"（几辈子修来贪杯的福），过来了二十二个世纪还多（原文如此——引者）；从晁错的不识相偏要干政治丢了身家性命到荒芜的看功名富贵似浮云而"闲来安步胜华车"（有空时在马路上悠闲自得地踱踱方步，远比那些坐高级小汽车的舒坦），超越了天差地别的情操和意境。

诗人不仅要做疾恶当时政治的陶渊明式的人而避世，而且几乎还想遁入空门去。援佛入儒，融融一身，使得诗情更比当年的彭泽令旷达。"采菊东篱下，悠然见南山"比不上"醉里欣看天远大，世间难得老空疏"恢宏。"羞赋《凌云》与《子虚》"，司马相如和何晏（原文如此——引者），一个赏识于汉武帝（原文如此——引者），一个傅粉于曹魏，都不过是一些歌功颂德之徒，更不在眼底，他们那种诗赋，荒芜为之感到难为情得透（原文如此——引者），不屑一做。诗人多么高洁。

然而自古词人墨客、诗家骚士，都借山水通情，因花鸟言事，托思闺，诉怨肠，凭杯酒排解胸中块垒。荒芜也不例外。尽管诗人说他从灌得稀醉里"欣看天远大"，得到了"世间难得老空疏"，免了尘俗，进入了净界，但要不是酒和能制造出酒的物质世界和人类社会，诗人又怎能"免俗"？所以不过是饮酒时的心绪，泥醉前的衷曲，或苦闷，或郁结，或不满，或有恨，或发思，或寄情，表明现实中有解不脱的矛盾，填不了的不平。诗人虽写明此诗"赠自己"，但又想到发表，说明还是不甘寂寞。诗文发表的时日不远，并不老；白纸黑字是实实在在的，并不空；诗后还附了注，可见也不疏。这不禁使我想起了《红楼梦》第二十二回所讲的一个佛教悟禅故事的话头："美则美矣，了则未了"，凡心没有去净。荒芜不过是拈封建士大夫阶层失意文人的笔触来刺中国人民生活着的社会主义"现实"罢了。他不愿意为这个"现实"说好话，即所谓的歌功颂德；他不愿意与这个"现实"同流，即所谓的耽酒避世和遁空拔世；他更不愿意为官作仕了，红色的官服还没有脱下来（朱色朝衣尚未除）就丢了脑袋，何苦来。

谁若说诗人是在无病呻吟，不是言志，那恐怕诗人也不会答应，要感叹"此意至今无人晓"的。但是真的说穿了,也许诗人要反驳说,我这诗是在1976年5月写的,是针对"四人帮"那个时候的。这当然是巧妙的。但是我们要说把这首诗仍然写作为《赠自己》在1979年8月刊登出来,不足表明这首诗对荒芜仍然有用,荒芜仍然要照着它看待现在的世事,照着它实行吗?

元石拐弯抹角,吞吞吐吐,欲说还羞着的,无非就是那么五个字:对现实不满。元石心里当然明白,这五个字分量不轻,已经足够使任何一个人吃不完兜着走了。

任何一首诗都不会像雨点那样,凭空从天上掉下来。它是在一定的时代背景上,受到现实生活中这样或那样的人或事的启发,又经过或多或少的艺术加工,而后才写作出来。《赠自己》也不例外。这首诗是"四人帮"法西斯专制时代的产物,写于1976年5月。《有赠》中其他诸诗都只标年代,唯独这一首兼标年代和月份。因为那一年十月以前,"四人帮"还在台上,还在那里张牙舞爪横行霸道;尤其因为那一年5月里发生了一件非同小可的大事,那就是明令撤消邓小平同志的职务。那也就是引起我写诗的直接原因。"四人帮"从来就把邓小平同志当作他们的眼中钉，他们使尽了吃奶的力气，吹起了一股股反右倾翻案风的恶浪，必欲拔之而后快。明令撤职的那个所谓"中央文件"一发表之后，"四人帮"及其一伙兴高采烈，弹冠相庆，以为他们的阴谋已经得逞，天下大事已定。身历其境的中国人民永远也不会忘记那些乌烟瘴气、天昏地暗的日子。要是真有谁健忘，我劝他去翻翻当时的报刊，比如最早由"四人帮"予以复刊的文艺刊物《诗刊》的那几期吧，他就可以看出，那些帮派诗人和批评家得意忘形到什么程度，又表演得多么原形毕露啊！但是中国广大人民群众，有良心的中国知识分子却感到无比悲痛和愤慨，却看出那是个千古少有的大冤案。就是在"冤案"这一点上，我把邓小平同志和晁错联系了起来。我想起了在西汉七国之乱中被牺牲的晁错。他那么忠心耿耿地倡议削藩，维护中央集权，却给那个糊涂一时的昏官汉景帝推到东市刑场去杀了头，连红色的朝服都没来得及换。于是我写了《赠自己》。

　　每一首诗，哪怕是四句二十个字的五绝吧，都有它自己的着力点，或者像人们说的诗眼、高潮。《赠自己》的着力点是什么呢？就是那最后两句："可怜晁错临东市，朱色朝衣尚未除。"至于前面的六句，对于这后两句来说，只不过是一种陪衬，一种烘托，说明那种千古奇冤是在什么时代背景上产生的。那是什么样的一个时代呢？只能是像诸葛亮所说的"苟全性命"的"乱世"。对于这个"乱世"，我没有从正面去写它，而是通过个人的感受从侧面去描写的。前六句中的头两句说的是正面话，额联是反话，是愤激之词。尽管元石同志挖苦我如何嗜酒成性和不爱学习，大概他未必相信我成天价泡在酒缸里，连一本书也不读。第五句承"能耽酒"，暗示只有又远又大的天，才值得一看。第六句承"不读书"，慨叹只有装糊涂才能苟全性命。司马温公评杜甫《春望》，说过一段非常精彩的话：

古人为诗贵于意在言外，使人思而得之，故言之者无罪，闻之者足戒也。近世诗人惟杜子美最得诗人之体。如"国破山河在"云云。"山河在"明无余物矣，"草木深"

明无人矣，花鸟平时可娱之物，见之而泣，闻之而悲，则时可知矣。

我也想学学这一手，所以在第五句里，两眼只看天上，暗示地上的事更糟，看不得；在第六句里一心装糊涂，暗示世道之反常，动辄得罪。现在看来还是以不学为好。凑巧你碰上的是一位帮派批评家或准帮派批评家，他才不管什么言外之意，言内之意，什么有意或无意，什么言者和闻者，一律先打一顿棍子，然后再加一顶帽子，叫你永世不得翻身。

我写的诗大都是打油之作，以讽刺诗居多，但并不排斥歌颂。即以《赠自己》来说，我为古今两个大冤案的主角鸣冤叫屈，也就是对他们的见义勇为、生死以之的精神表示由衷的赞叹。

那么又为什么题作《赠自己》呢？因为在那个时候，这种诗既不能拿给别人看，更不能送出去发表（我们那时都是被剥夺了发表权利的人），只能自己偷偷念念。一旦传了出去，可以设想，"四人帮"的那些秀才们，也就是那些打手们，一眼就会看出这首诗的用意何在。他们会一口咬定，这是为某某人翻案的毒草。在审查、鉴别作品这一点上，我们还得承认，那些先生们的眼力，比起他们的晚辈来，要厉害得多了。

批评一个作品，最重要的一条恐怕首先还是要把那个作品读懂了。如果连懂都不懂，就望文生义或自以为是地批评，其结果必然是牛头不对马嘴，无的放矢，甚至会弄出《皇帝的新衣》那样的笑话，当场出彩。"文化大革命"是人类历史上一场空前浩劫，现在，大概没有人再能否认了。它几乎毁灭了我们这个国家。但是它也确实像中国人民所常说的，"触及了我们的灵魂，擦亮了我们的眼睛，提高了我们的认识"。回想中华人民共和国成立以前，我们这些人为了追求社会主义，不顾身家性命，投奔解放区。进城以后，我们这些傻瓜蛋们确实相信天下大势从此定矣。1956年敲锣打鼓进入社会主义之后，更是认为在建设社会主义的道路上，以后是一帆风顺。那时，哪里会知道，等候着我们的是充军、劳改、坐牢一连串苦难的日子，一条漫长、曲折的打砸抢的道路。但是我们从"四人帮"的封建法西斯专制上活过来了,并不后悔。"四人帮"让我们付了一笔极为高昂的学费,也给我们上了一堂大课。我们开始懂得了什么是真马克思主义,什么是假马克思主义;什么是真社会主义,什么是冒牌社会主义;谁是人,谁是鬼;谁是在认真而严肃地进行批评,谁是在乱打棍子等等,等等。两千多年前,孔老夫子讲过一句话:"始吾于人也,听其言而信其行;今吾于人也,听其言而观其行。"这一句话并没有因为它历时两千多年而消减它的光辉。用现在的语言说,就是实践是检验真理的标准。"四人帮"过去用以统治思想的大棒有二:一是抓阶级斗争的新动向,举凡上至叹气,下至放屁,都可以经过阶级分析,上纲为反社会主义的思想倾向;一个是政治影射,说海瑞罢官必然为彭德怀翻案,论秦始皇焚书坑儒一定是恶毒攻击。经过"文化大革命"之后,这两根大棒,打起人来已经不大灵光,再用实践一检验,更显得威风扫地了。

元石问道:"为什么粉碎'四人帮'已经两三个年头了,我们的作家还要发表耽酒和避世的诗呢?这里表现着一种什么样的思想倾向呢？"问得真好！读者诸君，你们不觉得这副声口有点耳熟吗？我这里也想问问元石，写两首喝酒发牢骚的诗，又有什么了不起呢？照元石看来，那位饮酒赋诗的陶渊明也是个思想大成问题的人，我则以为，陶渊明如果活到今天他完全有资格在我们社会主义农村中当一名标准社员。不错，他当过官老爷，但据我所知，他在县令任上，一未贪赃，二不枉法。他的成分可能有些问题，但是他既自觉参加劳动有年，早就应该改变成分。他的文化程度，在我们当代农民中，仍然首屈一指。我实在不明白元石为什么那么敌视陶渊明。

对于批评，我有自己的看法。每个作者发表作品都是向社会作宣传，宣传他自己的思想、观点，总希望能引起反响，而不希望像石沉大海，默默无闻。反响有两种，一是赞扬，一是批评。我认为深刻而中肯的批评，即使再严厉，对于一位虚心作者，要比那些空洞的捧场有益得多。对于错误的批评应进行解释。对于恶意中伤应予反击。一听见批评就大叫棍子，那是神经衰弱，小题大做。但是明明是棍子劈头盖脸打了下来，却假装感激不尽，高叫不痛、不痛，其居心就更为可恶。经过"文化大革命"，群众的眼睛雪亮，不管棍子的外面裹的是橡皮还是花布，也不管它操在大人物还是小萝卜头手里，只要一打出手，人们就会认出来。西洋也有一句名言：你能骗一个人于一时，但你不能把所有的人永远骗下去。

因为受到批评，许多老朋友劝我洗手，不要再写讽刺诗了。他们说，世事茫茫难自料呀，一旦有个风吹草动，人家就会给你扣上五花八门的新帽子，什么冷血动物呀，什么不同政见者呀，说不定有朝一日真会"捉将官里去，断送老头皮"。有一个老朋友还写了一封长信来，最后一句是"幸勿等闲闲视之"，我感谢他的一片好心。他们的那些话不是全无先见之明。但是我也要说，我对于全人类为之奋战至今的那个光明前途，真正优越的社会主义社会更具有信心。我在我经历过的最艰难困苦的时刻，没有吞安眠药片、触电、上吊、投河，就因为我相信，经过我们大家的流血牺牲，再接再厉的奋斗，那个新社会一定会建成。我还发现打油诗，至少在现阶段，是一个非常锐利的武器，在肃清"四人帮"、封建主义、官僚主义、特权阶层的思想余毒方面特别有力，特别有助于及时反映现实，指摘时弊，鼓舞人心，添一点炭火于寒冬，涂几笔白粉于鬼面。元石说我不歌功颂德，那是闭着眼睛说瞎话，《有赠》里的十多首诗没有一首是例外，包括他大批特批的《赠自己》在内，全都是赞美诗。有一点倒是他说对了，就是绝不"无病呻吟，一团和气"，绝不为红白喜事而敷衍应酬。积习难改，我的打油诗还要继续写下去，如果报刊不予刊载，就抄给朋友们看看，或者就摆在那里，摆上两三年再说。我翻了宪法和暂行的出版规定，1975年5月写的作品，等到1978年8月拿出来发表，好像也并不犯法，因此我写诗的胆子就更大了些。就在草写此文的间隙里，我戏效杜甫的《戏为六绝句》，又写了两首，抄在这里，敬乞指教。

千夫戟手说膏肓，

众口铄金灿有光。

我劝一言堂上客，

后尘休步"四人帮"。

冷眼横眉八股前，

高冠大棒两蔫然。

一杯遥敬陶彭泽，

但写新诗换酒钱。

干一杯，再干一杯

范曾

> 干杯，为了爱情的死亡。

古往今来，在社会学史和文化史上争议最大的事物有三：曰美女，曰金钱，曰酒。前两者不太容易得手，并且危险性大。枚乘《七发》以为"皓齿蛾眉，命曰伐性之斧"，足见女人，尤其是美女，可慕可爱之外，潜藏着可畏的因素。而金钱，其绚丽固如豹皮，但豹能咬人，也确是事实。惟有酒，人人得而饮之，潦倒困窘如孔乙己者，也能赊酒喝；淡泊寡欲如五柳先生者，也能"造饮辄尽，期在必醉"。于是对于酒，人人都有自己的价值标准，而酒对待人，则无尊贵卑贱，一视同仁，都竭尽它的本性，帮助你去做你想做的一切。有人说，酒是灵感的源泉、艺术的上帝，其实，它何尝不是所有人的朋友或情人、仆役或帮凶、神灵或恶魔。

在我看来，酒之性善、性恶，正不必如孟子与荀子对"人之初"的思辨那样去探究。酒的名声由于有了商纣的"酒池肉林"，齐威王的"好为淫乐长夜之饮"，有了买刀的牛二、狎妓的西门庆，便狼藉起来。其实，这些人即使不饮酒，也不会改其质的。酒，在《说文》中就是"酉"字，"酉"则作"就"字解。"酒，就也，所以就人性之善恶。"这是讲得再清楚不过了，善者饮酒与恶者饮酒，他们的行为方式、准则、效果大相径庭，原与酒性关系不大，大体是人性所致。

那么，酒到底是什么东西？它以水为形，以火为性，是五谷之精英、瓜果之灵魂、乳酪之神髓，望之柔而即之厉。它清冽的器皿、纯净的色泽、醇厚的芳馨，使所有的人，从王者霸主到流氓泼皮为之心荡神驰。饮酒的快乐，真不可一言以尽。它使人类的情绪经过了一番过滤，这其中当然有化学的、生物学的、心理学的复杂过程。而酒过三巡，人都有了变化，这却是概莫能外的事实。酒可以点燃情绪，焚烧回忆，引发诗思，激励画兴。

酒使你的思维删繁就简，使你的语言单刀直入；你会从种种繁文缛节的思虑中脱颖而出，宛若裸露的胴体，都真实不虚。善也真，恶也真；酒使善者更善，恶者更恶；使智者更清醒，愚者更痴昧；酒使勇者拔刀而起，怯者引颈受戮。酒把你灵魂深处的妖精释放，使你酒醒之后大吃一惊——我会做这样的事吗？酒使我们想起某些人讳莫如深的哲学命题：复归。

酒之为用，对每一个人的感情世界，其实是无所不在的。它使你爱之弥深、恨之弥切；使你惆怅转入凄凉，忧思更添新愁，热情跃向激烈，感慨翻为浩叹；使你思也渺渺，情也悠悠。酒是欢乐的酵母，又是痛苦的激素；酒使你在体内发现另一个自我，一个"膨胀了的自我"。

把酒视为可以泽苍生，使人迷离得悟的，莫过于佛家的"醍醐灌顶"之说。醍醐是乳，亦是酒，正如《春秋纬》所云"酒者，乳也"，古代把酒称作"天乳"。在西北，我饮马奶子酒，对乳与酒的关系才有了实感。佛把深入法性的最深一层的智慧和遍知一切法相、无所不在的智慧输入于人，宛如醍醐灌顶，彻上彻下彻里彻外得到"觉悟"或者"醒悟",这不正说明酒不仅仅会醉人,也能醒人,不仅仅能醉世,也能醒世?酒,激励过勾践,《吕氏春秋》曾载"越王苦会稽之耻,欲深得民心",遂将美酒倾入江流,与民共享,唤起越人同心复国的信念,与吴王夫差背水决战。这是勾践和整个越国的"醍醐灌顶"。1976年"四人帮"就擒,举国欢庆,酒市为罄,这是十亿人的觉悟,人们用酒洗涤我们民族身体上的、心灵上的积垢,这是十亿人的"醍醐灌顶",整个民族的"醍醐灌顶"。

然而,清醒有时是痛苦的,《楚辞》中的渔父劝屈原"铺其糟而歠其醨",我想是出于对一位伟大的孤独者的深深同情。屈原知道"众人皆醉我独醒"是会遇到厄运的,然而他却愿意直面人生,承受苦难,"九死其犹未悔"。历史上不少杰出的人物,由于自信内质的坚强,他们不须"从众"以求安全,不欲"认同"以保山头,独来独往,空所依傍。屈原说:"鸷鸟之不群兮,自前世而固然。何方圜之能周兮,夫孰异道而相安?"在彼时彼地,屈原不饮酒,清醒得庄严,他要以自己清醒的判断，以报社稷。李太白则不然，作为诗人，他没有屈原那样的历史使命感，也没有杜甫"致君尧舜上"的抱负，他清醒的时候只希求韩荆州幕下的盈尺之地，只希求不作"蓬蒿人"。而当他"但愿长醉不愿醒"的时候，李白的人格才高大起来，他才能傲视权贵，不愿摧眉折腰；他才能梦游天姥、飞渡镜湖，他才成为一个真正的、不朽的李白，他的诗思才插上了垂天之翅。他饮得浪漫，酒使他思想的渣滓沉淀，使他的灵魂在净化之中复苏。酒对于李太白，无异是诗神，在欧洲称缪斯，在中国称灵芬。于是，我想有些人应当醒，有些人应当醉。作曲家中深邃隽永的王立平应当醒，才情纵横的王酩应当醉；画家中磅礴庄严的李可染应当醒，浑然天际的傅抱石应当醉。

　　我性嗜酒，因此我的一切幸福和不幸的回忆都和酒有缘。然而，幸福的事大体韵味不长，而悲痛的事却往往历久弥新。其实，"忆苦"是不须提倡的，人们会时时忆及。"艰难苦恨繁霜鬓"包含了杜甫对丧乱流离的全部悲痛的追忆，而"潦倒新停浊酒杯"则是他兴味索然、悲莫大于心死的写照。能悲痛的人，就有理想的光照；能悲痛的民族，就有灿烂的前景，我们担心的是对一切无所动于衷。

我曾有一位可钦、可敬、可叹、可悲的长兄——范恒，现在已埋魂长江之畔。他对共产主义事业的忠诚信念，用他一生备极痛苦的历程，做了庄严的诠释。1957年划为"右派"，1981年彻底改正的时候，他已去世十年。人们含着热泪回忆他，认为今天很难找到像大兄这样的人品、学问和才能的人。然而他的悲剧是直到他弥留之际，仍认为对他的处分是正确的。他只期望在一息尚存的时候，能脱去"右派分子"的帽子，但他的这一点愿望，也不曾能实现。他十八岁去苏北参加新四军，旋转上海地下党，临危犯死者多次，决不是一个懦弱的人。但在他划为右派之后，他是永远地隐忍，他内心的孤寂和凄凉是深不可测的。他爱上了酒，而他囊橐萧瑟，只有饮劣质的零售的酒。他读遍了马列主义的经典著述和有关匈奴的所有资料，写出了洋洋洒洒的数十万言的《匈奴史》。他写了很多自谴自责、深自悔恨的诗。直到他得了癌症，才停止了饮酒；与酒告别的时候，他也快与生命告别了。当我从北方返里，拿着一瓶"二锅头"去见他时，他淡然苦笑说："那就留作来世再喝吧。"话毕，汪然出涕，继之失声大哭。我的印象之中，他从我少小时教我唱："在胜利的九月，祖国，你从英勇斗争里解放……"他的面上永远平静而深沉，从来没有哭过，即使被"造反派"打得皮开肉绽，也从不哼一声。十多年后，我去他简陋的墓前，洒下的是最好的茅台，然而，大兄生前从未尝过这样的好酒。今天，在所有的欢宴之上，我把酒之时，总是想到我的大兄，酒的甘美立刻带有了苦涩。

我还曾有一段过眼烟云似的爱情。那时我正年轻，为了信誓旦旦的爱，我可以生，可以死，可以傻，可以痴。1970年我被下放到湖北咸宁干校，军代表指着荒凉的湖滩说："你们的墓地应在这儿找好。"知识分子的跌价，使很多青年失去爱的权利。我和好几位同去的青年相继收到北京情侣断交的信。我不仅收到了无情的信，还有准备作新房的房门钥匙，而且女友将所有爱的信物交给了当初的介绍人。然而，我对她的爱情并不曾消退。在悲愤中，我向急湍的水中走去。被人救上之后，我彻然大悟，与那些同病相怜的失恋者相约，将女友们的相片、信札带上，到湖边付之一炬。因为我们知道，在那种时节，一个下放到荒远干校的人，想与北京的姑娘相爱，比骆驼穿过针眼还难。既然如此，不如快刀斩乱麻。我们在火光中烧掉的是昔日的欢愉与幸福，我们举起酒杯，对着莽莽苍天、瑟瑟苇荡——干杯，为了爱情的死亡！我平生爱情的罗曼史甚少，并不似街头巷尾之议论。即使这一点不珍惜的情爱，也随岁月之流逝遥远了。"人已各，今非昨"，然而，记忆并不因我霜鬓初染而消失，这苦涩的劣酒却点点滴滴在心头流淌，爱的伤痕是人生最沉痛的纪念。

啊！美酒，你这无所不在的、万能的精灵，我忘不了你；劣质的酒，我更忘不了你，在最困难颠蹶的日子里，只有你和清贫的大兄和失恋的我共度那寂寞而冷酷的时刻。我们比不上"八斗方醉"的山涛，"大盆盛酒"的阮咸，更比不上"一饮一斛，五斗解酲"的刘伶。今天，在我画的《竹林七贤》中，他们正举杯豪饮，长歌当哭，而十多年前，我曾和大兄对酌，只是那一毛三分钱一两的白干，相顾寂然，无复豪情。

然而，生活中可留恋、可珍惜、可热爱、可倾心、可感动的事还很多。譬如吴祖光先生诚恳的邀请，嘱我为文，便是一件自认为荣耀的事。吴先生的书斋中自题"生正逢时"横幅，我深悟其中的哲理。这些年我与吴先生交往，未尝有接杯酒之余欢，而为了他高洁的人品和他对祖国、人民的挚爱，我愿干一杯，再干一杯！为了时代的进步和更光明的未来，我愿干一杯，再干一杯！

1987 年 10 月 19 日

小酒人语

朔望

> 一种有较多民主气度的社会里的典型角
> 色，注定由知识分子来充任的。

一日北京忽生凉意，略近"萧瑟秋风今又是"的格局，此际偶得祖光兄来书，款款为主编的《解忧集》征文，不觉惊喜交加。这是一种相连多年、令人长生"反复看年月"冲动的信息：虽说只是一纸轻磅道林，铅排无章，但地址分明，限期凿凿，可知"不见吴生久"，他倒还相当清醒，这就很足以告慰一班入夏以来苦于路遥久疏问候的友辈了。而若不因酒，话题倒也不好找呢！

诚然，我只说他"相当清醒"，因为信中有几处显得缠夹，如将收信人一股脑誉为"酒坛巨将，有兼人之量"，这便使我谨谢不敏，可见"免俗"之难，即在早慧多识如祖光者，也有认错门的时候。

但是，酒文章我是要做的——尽管至今吃多了酒酿圆子都会脸红，一因酒文化乃众人之事；《诗经》就唱出过"醉之以酒，饱之以德"的调子，我也应该有权发言；第二，确实也有得说的；最后，也是最难逃的，是人与人的关系：您来相劝，我是尊老敬贤，别的不说，怎么也得应酬一下嘛！

退而深思，却不免惭愧起来：因为家无刘伶教，人非杜康种，出身共表现欠佳，实践距认识太远，平日只追逐一点诗文中的酒香来附庸风雅罢了；虽说"文革"中期百无聊赖而微享自由之际也曾定过计划，要将全国名酒各备半斤——实饮，遍亲芳泽，可惜转眼清队下放事迫，喝完"西凤""竹叶"几种就扫地出门去也，徒有补过之心（参加成百次鸡尾盛会，进步甚微），而无忘忧之乐；风雅亦岂易为哉？所以我这篇短文并非老酒翁里派生出来的文化，只是文化人借酒发发议论，如斯而已。

我不敢苟同征文小启中说的酒"象征欢乐，更能给人幸福"云云。我认为，人先是怕冷才喝它的，因为发现可以借它壮胆而忘忧一时，便传开了，便连在热得要命的印度乡下，穷人也不顾宗教禁忌，只拣一种椰子酿的廉价、高效、劣质的强化剂来杀渴，躺在泥潭里不起来。当然，喜事有时也要喝酒的，如陈毅元帅病中初闻林彪死讯，大嚷"拿白干来"，但我觉得这往往引出悲喜掺杂或先喜后悲的结果；其实也有预期的成分在，因为，人若细想起来，总是悲从中来的时候居多。西洋人把醇酒、美色、武功混为一谈，目为纵欲，这不是中国人的想法。再说，难逢的赏心乐事，只管清清爽爽、悠悠地过下去就是，喝晕了岂不反倒失去品味的情趣？我是这样想的。信之不笃，这大概正是我于酒道的觉悟水平上不去的缘故吧！

酒在我脑子里总是跟洒脱、旷达、绝俗、自悲自损却又带有几分壮烈气概联系在一起，从而引起我的寄情、认同、钦羡乃至崇拜。李白、苏东坡毋论矣，就是当今的谌容，也因小说之外又健饮出众，才博得这许多男子汉信服的；我觉得她单凭这副酒肠便能得奖。此事也许不关学习，只赖天才；但天才也要鼓励，用以警顽立懦。

我看，全由"在礼"或"teetotaler"（西人中的绝酒派）的一污不染的"君子人"组成的社会是不行的，因为生趣索然，苍白乏力，总该有容得下"鼻子渐红终不悔，为伊消得人憔悴"的各路酒徒的雅量才是；同时让电视台有充分自由去宣传戒酒，批评饮者。

所谓各路酒徒，说的是：一种如印度穷人（阔人全球一样，专在大厅里喝苏格兰威士忌、法国白兰地）正合烂醉如泥之喻；一种是"不醉无归小酒家"中扶出来的哥儿们；第三种是微醺的知己之交，彼辈与伦敦喧哗的 pub 酒肆中闷饮者异趣，人不过二三子，菜只两碟，兴则止于临醉前态，而只借势抒发一些或非温让却无不深沉的议论来。一念及此，我常默诵"绿蚁新醅酒，红泥小火炉。晚来天欲雪，能饮一杯无？"的唐诗而顿兴温馨之想，以至颇想到北京小街上开一家叫"红泥小饮"的酒店，与前门"大碗茶"开发中心对着干，以尽对酒文化的殊宠：此中将有清虚的空间，亲切的伴侣，简朴的饮具，可口的小吃，精当的话题，草草杯盘，昏昏灯火，絮絮心言；只是没有清教徒或道学先生，也不见闭上眼睛只顾自身狂醉的遁世之辈，惟余一些普通的饮者，能量不大，而此时凭着酒力稍许增加了一点勇气的小酒人——一种有较多民主气度的社会里的典型角色，注定由知识分子来充任的。此辈既属小系列，便不似古时的"高阳酒徒"那般，闯不了大祸，当然，也难成大事。不过有例外，鲁迅翁诗中称为"先生小酒人"的范爱农就是一个；实际这是名以人著的一例。范君当日为什么想不通而投水自尽，已无案可稽，但现代的"小酒人"路子宽多了，无论如何独沽一味，如何偶语交流，于法总安不上什么罪名。而他们的头脑久经锻炼，实足以经常保持二度清醒，只顾闲闲玩味历史，却不急于去跳河就是了。所以，谁说我们这70年的历史没有进步呢？

因有所感，遂作《小酒人语》以应祖光兄之请。我与他只是淡泊之交，时或同席，亦属公家饭，不曾共得一壶私酒（倒是托过他介绍利康即叫即送的烤鸭店）；正不知他平日的饮量深浅，对我这盅浊醪意下如何。也罢，且递上去，好歹也算一种反馈，一种问候起居的表示。

一九八七年十月，宣南

啊！酒之奥啊！

陈登科

> 我说酒不但可以壮胆，还可以治病，人
> 皆笑之。

我并不是酒鬼，但我好酒。

我好酒，历史已久，算起来最少也得五十多年矣！

我的家乡有一种风俗，每到秋后，大家小户，请来酿酒师傅，将收的高粱酿成酒，用坛子埋到地下，等到冬天，来了亲朋好友，将火盆往外拖拖，装上一瓦壶酒，放在火盆里，边温着酒，边烧着花生，边吃边喝，边谈心，越喝越带劲，越吃越香，名曰：花生酒。

这种酒，在我的家乡又名水酒。之所以称之为水酒，是因它度数不高，只有48度。因此，在我们家乡请客也不说请客，总是讲：请到舍下喝杯水酒。

我家所住的庄子，只有九户人家，出门就是盐碱荒，连草也不长的荒滩。离庄子约七八百米，有一个大土堆，名曰：小鬼滩。所谓小鬼滩，就是前后几个庄的穷人家死了小孩子，用芦席卷卷，抛到这个土堆上，任狗拖、乌鸦啄。年长日久，滩上堆满骨骸，人们便把这个土堆称为小鬼滩。

我17岁那年，阴历正月十五，也就是元宵节的晚上，因下着毛毛细雨，提灯笼的小孩子，全团在八十斤家里。忽然发现，小鬼滩上冒出一个绿莹莹的光点，在细雨中一晃一晃向西北方向飘去，人们不禁惊叫起来："鬼火！鬼火！"接着又冒出一个，又是一个，接连冒出一二十个磷光，排成长长的路纵队，向西大洼移去。人们又叫着："过阴差！过阴差！"一听说过阴差，不仅小孩子周身汗毛孔发炸，连一些老奶奶都往屋里躲，头也不敢往外伸。这时，八十斤提出：谁敢去小鬼滩捉鬼，他愿拿出二十斤肉、一斗花生，请大家喝酒。我小时候有个好称雄的脾气，人家越是说这件事干不得，我越是要干。便说："不要你二斤肉，光拿三碗酒来。"

"你不要走到半路上跑回来……"

我把胸脯一拍："你不相信？！拿捆草来，以火为号。"

我们那个庄子虽说穷些，在新年里，家家还是能拿出两瓶水酒的。我喝下三碗水酒，顺手从门后摸过一根磨称，夹着一捆荒草，冒着毛毛细雨，到了小鬼滩，爬上大土堆，点起火来。正想往回走，那长长的一队所谓"阴差"，在西大洼里绕了一个大圆圈，又回来了。

所谓西大洼，就是一片几里宽长、没有村庄的洼地。每到夏秋两季，逢上大雨天，它又成了一个自然水荡。我想：这些阴差，既然回来了，我得看看他们的嘴脸。便仗着一股子酒劲，迎着阴差们走去。

我手中拿着磨称，袖里藏着火煤，心想：不管来自哪一条的阴差，它毕竟是鬼，鬼火总是不敢见真火的……我向前走，那一个个鬼火便往后退；我往后退，它们又向前进。这时我急了，两跟一闭，舞起手中的磨称，冲向阴差们，将它拦腰切断，可是这些阴差并不示弱，只是跟前火光一炸，一个分成两个，两个分成四个……刹那，分成好多好多火光，把我团团围住……

我当时虽趁酒劲发作，不知什么叫怕，说实话，在阴差的围剿中，还是把我吓出了一身冷汗。不过，从此我知道：酒不但可以御寒，还可以壮胆。既然不怕鬼了，当然也就不畏神了。因此，我从青年时代起便养成了一种不惧鬼神的性格——我就是我！

　　我说酒不但可以壮胆，还可以治病，人皆笑之。

　　"文化大革命"中，我被江青点名为特务，以重大政治犯被关进监狱，与外人不能相见。嗨，没有想到，林彪突然从副统帅的宝座上滑下来，葬身到蒙古的温都尔汗大沙漠中去了，我这个重大政治犯，反而因祸得福，送我到医院一检查，我患有高血压和心脏病。

　　我的血压有多高呢？高压二百三，低压一百二十三；冠状动脉硬化嘛，我不知多轻多重，但是感到胸闷、气短，连走路也都挪不出步子了。这在思想上造成的压力确是很大，认为已成定论，活着走出监狱的大门已无望了。幸亏同监的公安厅长马敬铮暗地里送了一瓶降压药，维持到1973年春，我从监狱被转送到公安劳改农场去劳动改造时。

黄岩和杨杰在那里劳动已有一年多，算是老战士了。一到那里，他们便向我介绍这里的劳动规矩。向东走，是一片麦地，五百米处有座小木桥，只能在桥这边站站看看，绝不能过桥；向南是菜园地，走三百米，到饲养场，也以小木桥为限，只要不过桥，可以随便活动，若过桥就以逃跑论处。我们这些人，毕竟是从敌人的枪炮子弹丛里钻出来的人，当然无人想到"逃跑"二字了。黄岩说："你们两个人是劳改犯，我还是半个省长，每天有十块钱工资。"

　　我说："好哟，你出钱，我当采买，老杨包做。他是巢湖边上的人，煮鱼是省文艺界的第一把好手。"

　　靠着大树好乘凉。在农村里鱼又便宜，一块钱能买二斤多小虾子鱼。对黄岩来说，这确也算不了什么。另外，公安又是他的故乡，虽说省长被打倒了，乡亲们对他还是了解的。相信他不是叛徒，还暗暗为他搞点酒和老母鸡之类的东西。杨杰是不喝酒的。每天中午，我们避开监护的战士，用药瓶当酒杯，一人喝一瓶，约一两多一点。十天过后，我便觉得身体硬棒得多了。经医生一检查，血压下来了,高压只有一百八十左右,低压不超过一百了,胸闷、气短的症状也明显好转了。心跳在监狱里原来只有每分钟三十七八次,一(药)瓶酒喝下去,可以增加到五十次左右。更有怪者,原先在监狱里,由于长期过着那种非人所能忍受的抑郁生活,肠功能减退,三天到四天才能大便一次,而且还非常困难。我也是用酒将它治好的:大便不畅,只要头天晚上,不用多,只喝这么二两,第二天早上,排便非常通畅。我问医生原因何在,他也回答不出是否因了酒的作用。但是在我身上,酒确实起到了治病的作用。

酒,对我来说,确实有一种奇异的功效。它不但可以壮胆、治病,还可以帮助我发泄情绪,化忧解愁,排除压力。

到了5月下旬,省专案组去了两个人,将我接到公安交际处,向我宣布,关于特务问题,他们已经查明,全国有六个陈登科,其中有一个陈登科也确实是特务,不过这个陈登科已经死了,他们已找到这个陈登科的坟墓,与我无关。因此,有关特务的问题已否定,故宣布解除军管。我当时听了宣布，能说什么呢？只有苦笑之，说："唉，我这五年多的监狱生活，是为谁……"

没有等我把话说完，专案组的一位要员，便打断我的话道："特务的事不谈了。你写一份表态书，感谢伟大的旗手……"

另外一位要员补充道："应该承认，过去关你是对的，今天放你也是对的。"

"关我是对的，放我也是对的，那就没有真理了？！没有真理，也就没有是非了。"

"真理？是非？你不是特务，《风雷》还是毒草嘛！"

"唉，一部《风雷》，让我坐了五年多监狱，这个代价，也够大的了。"我慨叹一声，回到房间去了。

开头难。开头难，写什么都怕开头。我在床上躺了整整一个下午，也未想出这份表态书应该如何开头。

到了晚上，我走进餐厅，找到他们的负责人，问："你们有酒吗？"

"酒？你要什么酒？"

"要最好的。"

“好的，我们只有头曲。”

　　“好，来一瓶头曲。”

　　我不声不响地把一瓶头曲都喝光了，情绪也来了，当晚即写好几百字的表态书。

　　表态书的内容，我已记不清了，只有后人才能从我的档案里查到。不过，我敢肯定不是效忠信，更不是向“旗手”献殷勤、唱赞歌的东西。因为我虽喝了一瓶头曲，但还没有醉到出卖自己灵魂的程度，只是坦率地承认，我是刘邓路线的执行者，也是刘邓路线的宣传者、鼓吹者。作为一个作家，是不会，也不应该隐瞒自己的思想和观点以及立场的。《风雷》中所表现的观点立场，思想感情，也就是我的观点、立场，思想、感情。专案组的两位要员看了我的表态书，很满意，第二天即正式宣布：陈登科解放了！

　　解放！即不是劳改犯了，也不是特务了。

　　唉！特务这顶帽子有多重啊！压了我五年多……不，应该说，对我的老伴，对我的儿女，压力有多重、多久呵！没有想到，最终却是一瓶头曲，把所有的压力统统排除了，消灭了。

　　啊！酒之奥啊！

　　　　　　　　　　　　一九八七年十月廿八日

　　　　　　　　　　　　　　于湘上乐天居

三醉

碧野

　　人在愁肠百结的时候喝酒容易醉，在过
度兴奋的时候喝酒也容易醉。

　　我不会喝酒，每饮必醉，但我爱酒，对酒有情。
　　酒曾鼓起我生命的风帆，在人生的海洋上凌波踢浪；
酒曾给我以至真的感情，使我集喜怒哀乐于一身。
　　酒醉，使人心地单纯，使人披沥肝胆，使人赤诚，
使人返真。
　　我曾三醉。

　　我一醉在抗战中期。那时，我刚逃离虎口，从洛阳
狱中来到汉江边的老河口。当年，外侮日紧，血染江汉
平原，尸横荆山脚下；可是同室操戈，江南事变，天日

为之黯然无光。国家内讧，民族危亡，全国人心沉痛。

当时，日寇侵略气焰非常嚣张，每次出动大型轰炸机几十架，震天动地，排空而至，炸弹如雨，呼啸而下，狂轰滥炸老河口，硝烟弥漫，火光冲天。在硝烟中，市街房屋纷纷倒塌，火光映红汉江，流水如血。

轰炸后，夜，余烟在寒月下袅袅，火烬在冷风中忽闪。老河口灾难深重，除了夜风送来街头巷尾的啼哭声之外，整个城市像死一般的静寂。

我住在一座祠堂的侧屋，弹痕累累，墙倾壁裂。点燃的蜡烛在冒着烟，烛焰摇曳，烛光黯淡。我眼看国破家亡，夜不成眠。

在这劫后之夜，我喝起酒来了。这瓶酒是友人来访时喝剩留下来的。前几天忽然传来友人在前线战死的噩耗，他把青春的血液浇灌了祖国受难的土地。我抖颤着手把酒瓶对着烛光摇了摇，看着漾起的无数酒花。这酒花像泪花，我感到一阵悲哀。

我斟满一杯酒，为悼念战死的友人，先把酒酹地一周，在烛影摇红中，只见酒溅微尘轻轻飞起。

我重新斟满酒杯，如同面见友人生前对饮。

我喝的是苦酒，世事飘摇，心中郁闷。

我本来不会喝酒，酒入愁肠，觉得烛光在旋转，头晕目眩，房子好像孤舟在夜的黑水洋里颠簸，有无暗礁？何处是岸？生命之舟随波逐浪。

不知道我是什么时候睡着的，酒醒时已日照东窗。案头的蜡烛早已熄灭，流满烛泪。酒痕染袖，而酒杯却落到地上，成了碎片。

被轰炸后的城市虽然余烬未灭，残烟轻袅，但无忧无虑的鸟雀却在颓败的檐头和枯焦的树梢啁啾。这给劫后的老河口留下了一点生机。

腹中胀结，不思饮食，我寄情于未完成的中篇，从抽屉里拿出稿纸，继续我的中篇小说《乌兰不浪的夜祭》的写作。

但醉后头晕，思想很难集中，我只好放下笔，出门独行。

狂轰滥炸后，老河口市街变了样，残砖碎瓦到处成堆，有的残缺的肢体仍压在墙角，有的倒地的栋梁仍在燃烧。街上不见行人,只见野狗在觅食。

我穿过凌乱的市街来到汉江岸边。

放眼天野,武当山空蒙,汉水滔滔。浮桥被炸,铁索横飞,方舟漂散。我伫立桥头,酒意未消,醉眼蒙眬。遥望武当山,近看汉水,百感丛生,既悲痛悼念友人的战死,又忧心国家的危亡,我能不对长天大地放声一哭!

我再醉于解放战争时期的太原的东山上。

前锋部队经过七天的夜行军,迂回曲折,迷惑敌人,然后突然像一支利刃插到制高点东山,撬开了太原的大门。

太原东山,敌人设三道防线,布满了钢筋混凝土碉堡,圆碉、方碉、尖碉、梅花碉。碉堡的钢筋混凝土墙壁厚达一二米,内有注满清水的池子,有堆满粮食的仓库,足以坚守一两个月。碉堡周围设铁丝网,挖有堑壕,牵有拉雷,顶上架机枪大炮,隐伏观察哨,虎视眈眈。阎锡山自诩为"山西王",盘剥欺压老百姓,敲骨吸髓,无恶不作。他有兵工厂制造枪支炮弹,东山的三道防线,千沟万壑，火力交叉密织，敌人夸口连苍蝇也飞不进。

但是我军的前锋经过七夜的强行军，钳马衔枚，刀枪无声，迅速地、悄悄地插入了东山。正当敌人高枕无忧做着美梦的时候，前锋部队突然叩响了太原的大门。只见炸药包在敌碉堡前炸开了花；机枪在向敌碉堡的枪眼封锁射击；迫击炮、山炮、野炮、榴弹炮在向敌人的碉堡群轰击。风助杀威，山鸣谷应。横亘几十里的东山落入了烟滔冲天的火海。星月无光，人喊马嘶。威猛的叱喝声，饶命的号哭声，和枪炮声混杂在一起。

前锋部队像支尖刀插入东山敌人的第二道防线，是从中间突然爆发战火的，被摺在前锋部队后边的防守第一道防线的敌人，失去了归路，很快就动摇、瓦解，纷纷地打起了白旗，只要听见我军的喊话，就把捆好的枪支从碉堡里抛出来，投降了。

我军后续部队源源进入了东山。

而第三道防线的敌人却顽强死守，战斗是空前激烈的。敌人凭借他们有兵工厂生产的大量炮弹，对我阵地进行"区域射击"。在前沿阵地上，制高点山头被困在炮弹爆炸的烟尘火海里，战士们七天七夜没有吃到一颗粮食和喝到一滴水。各连炊事班长带着炊事员冒着生命的危险，为饥饿的战友背上塞满麻袋的烙饼，在炮火中打滚到前沿阵地。同时，因为天寒地冻，炊事员们还设法把黄酒扛上山头去给战士们解寒。

部队终于攻下了太原阎王殿左右护卫的"牛头"和"马面"。（注："阎王"喻阎锡山，"牛头""马面"喻牛驼寨和绰马）

部队轮流攻城。苦战后的部队回到后边休整，住满了山庄的土屋和窑洞。

在休整的短期间内，战士们每天都能分享几两黄酒暖身。

酒，成了战场上的兴奋剂。炮兵们喝了酒，浑身热气腾腾，敞开军衣，露出胸脯，在北风呼啸的东山上炮击太原城。他们不伤城里的老百姓，炮弹落到督军府，把阎锡山逼进了避炮洞。

眼看敌人困守孤城的命运濒临覆灭，而东山上的英雄们在饮酒助兴，将乘勇一鼓作气攻下太原城。

这一天，我们团部的首长们在喝酒。他们个个性格豪放，像冲锋陷阵一样，他们的作风是快速、干净、利落。现在，他们不要下酒菜，喝的是白酒。我不甘示弱，跟他们举碗喝酒，这是我平生第一次豪饮。只见碗里还在冒着酒花，脖子一仰，一饮而尽。

我不知落肚有几碗酒，只觉得头重脚轻，爬进了警卫员的地铺，沉沉地昏睡了。

太原在我火炮控制之下，困守城内的敌人虽有空投接济粮食，但为数很少，仍然发生饥饿。有情报得知他们出城抢收过时无人收割的粟子。

部队突然接到上级命令，立即包围、歼灭出城之敌。

军事行动火急，全团集合，可是找不到我，团长生气，政委焦急，最后，还是警卫员收拾背包，回到小屋里从地铺上把我拉起来。

部队在跑步前进，我骑上一匹马行军，经寒冷的夜风一吹，我酒醒了。

看着部队在寒星冷月下急行军，威武雄壮。我像豪饮时一样，周身热血沸腾。在马上，我想到民族即将解放，人民即将自由，中华大地即将照临曙光。在刺刀和枪支的碰击声中，在马蹄的嘚嘚声里，我思潮奔涌，在酝酿着长篇《我们的力量是无敌的》腹稿，准备将这胜利的欢乐之情传递给全国人民……

我三醉于五十年代的北京。

那时，中国作家协会驻会作家的"少壮派"住在安定门外的和平里，一幢两层小楼房，幽雅清静，是个写作的好环境。

开国后，我在铁路工人中深入生活，后调中央文学研究所创作组，又调中国作协任驻会作家。

在和平里，我完成了描写铁路工人生活的长篇小说《钢铁动脉》，交给西戎同志提意见。

西戎是一位严肃认真的作家，他费了不少心血，用几个深宵阅读了我的长篇。

也许是对我的辛勤写作产生了好感，也许是为了祝贺我的长篇完成，西戎深夜召饮。

西戎和他的老战友马烽都是山西人。山西杏花村生产名酒，他俩性格开朗豁达，都嗜酒。

几小碟下酒菜，一瓶汾酒，我们三人对饮，促膝谈心。

美酒当前，西戎和马烽都显得很快活。他俩平日里都极富风趣，有一种山西人天生的诙谐。酒入欢肠，谈笑风生。

夜灯下，眼看酒花在玻璃杯中泛起诱人的珍珠细粒，但我鉴于以前的醉酒，不敢多喝。

西戎还是灌了我两杯。

按说两杯酒只能使人微醺，还不至于酒醉。但不知道是怎么一回事，我却醉了。

我回到房子里，只觉得浑身燥热，脑袋又晕又痛，脚步偏斜，头重脚轻，倒床上，天旋地转。

为什么小饮两杯就醉了？自己无从解答。人在愁肠百结的时候喝酒容易醉，在过度兴奋的时候喝酒也容易醉。

真奇怪，两杯酒就使我酒醉不醒。整整昏睡了一个长夜又一个白天。

最后，西戎引我吐了，再喝半杯醉酒汤，我才清爽了一些。

丁玲同志到和平里来，听说我醉了，顺便来探视。

丁玲同志是我在中央文学研究所工作时的领导。有时大家欢聚，她会剪纸变戏法，活泼得像个小姑娘；可是在工作上她却要求很高，对待我们像一位严师。此时，她看见我酒后初醒，只投给我温和的眼光，没有一声责备。

酒给人间以温暖，酒能抒发感情，醉中见真心。

我不会喝酒，一饮必醉，但我爱酒。

喝酒的故事

冯亦代

> 好酒是要人去品评的；浅斟慢酌，娓娓
> 而谈，是人生一乐也。

我少时喜欢喝酒，但又不会喝酒，正如我的父亲一样。

二十年代，有两年父亲在浙江省道局工作。每逢休假的日子，他必带我去杭州西湖边的一家叫陈正和的酒栈喝酒，同行还有我的表姊夫沈麟叔。陈正和酒栈是和他的店名一样古色古香的酒肆，老板是位绍兴人，矮个子身材，胖乎乎的。为人十分和气，看见老主顾到他店去，必定亲自迎客入座，而且熟知来客的好恶，端酒应客。父亲的喝酒不过是为了消闲，那时酒肆里还是老规矩，用小碗计量，父亲的酒量也不过三四碗而已。倒是我那位表姊夫是海量，喝上十几碗也不算一回事。但是父亲是很节制的，如果他们二人带上我去，每次总不过二三籴筒（江浙通用的盛酒器，用薄铁皮制成，可以插入炉子火口里温酒用）。过了这个限度，父亲便说今朝酒已喝过了，回家去吧！那时，我之喝酒只是徒有其名，因为年纪还小，不过我深服喝酒人的豪气，一碗在手，似乎便成了个英雄汉；我尤其信服武松过景阳冈的"三碗不过冈"，而他喝了不止三海碗。可是父亲不让我多喝，最多不到半小碗，不想就此养成我好喝酒的习惯，但酒量却始终不见好起来。父亲常说喝酒不过图个快活，喝醉了便没有意思了。我的表姊夫嗜酒若命，每饮必醉。但是他和父亲去喝酒，总适可而止，不敢多喝。

　　父亲喝酒喜欢品评，从来不猜拳行令。他说好酒是要人去品评的；浅斟慢酌，娓娓而谈，是人生一乐也。至于那些酒肆恶客，一喝酒便猜拳行令，徒自喧哗，吵闹别人，自己则一点得不到喝酒的快活。所以他到酒肆，总挑那些壁角落散座，从来不当众踞坐的。

　　父亲在杭州不过工作两年，便到九江南浔铁路去了，我也从此无缘到酒肆喝酒。有一天我和几个同学到湖滨去，路过陈正和酒肆，不知怎的突然有了冲动，要进去喝酒。几个同学中也有好喝酒的，便一同进了店门。陈老板仍是躬身迎客，还问我父亲的近况。那天我不免多喝了一碗，回家的途中被冷风一吹，竟然呕吐起来。这也是我第一次酒醉。我还几次跟郁达夫先生喝酒，我和他是在湖滨旧书肆里认识的。第一次见面，他便邀我去喝酒。认识知名的文学家还跟他喝酒，我的兴奋心情是不言而喻的。

后来到了上海念书，学校门前有个小酒铺兼卖热炒。我也偶一光临，但"醉翁之意不在酒"，目的是在菜肴上。大学毕业前的一个耶诞节晚上，我们几个喜爱文学的年轻人相约在四马路一家菜馆里会餐，那天我为了自己的订婚破裂，心里十分不痛快，不免借酒浇愁，多喝了几杯，最后是酩酊大醉，自己也不知道如何回的学校；唯一记得的是把菜馆楼头的一只高脚铜痰盂踢到了楼下。第二天醒来，嘴苦舌燥，很不好受，便暗自下了决心，以后决不多喝酒，即使万不得已须举酒杯，也决不逾量。

工作了，中国保险公司的业务室主任范德峰，是我沪江大学的前辈同学。他极为好客，一个月中总要邀业务室小字辈的同事，去十六铺宁波馆子吃饭喝酒。但我自律很严，喝酒不过小酒盅一两杯。若干年后，在喝酒时朋友们取笑我是曹禺戏剧中的况西堂。况西堂每次送礼以二元为度，我之喝酒则以二杯为度，好不吝啬；我也不管他人笑话，我行我素。

1938年我到了香港，不久认识了中旅剧团的名剧人唐槐秋，他也是个好喝酒而不懂饮酒的人。在香港无处可买绍兴酒，槐秋是法国回来的，好喝洋酒，我和他常在一起，也养成了喝洋酒的习惯。槐秋盛赞意大利的酒，都是多年的佳酿，有次意大利的邮轮康特凡第号进港，他不知用什么办法在船上搞到一瓶香槟酒，这是我第一次喝上外国的名酒。可惜如今我已记不起这瓶酒的牌子了。

以后我认识了乔冠华，他个人住在报馆楼上，居室十分湫隘，又临街，市声透入楼头，使他睡不好觉。为了工作时能集中思想，他经常在写文章时一手写字，一手端杯喝酒。他的酒量是很大的，一口气可以喝半瓶法国白兰地。我劝他工作完了到我家去休息，他首肯了。逢到他为《时事晚报》写社论的日子（一周至少四次），他发了稿便到我家睡觉。睡前他要看上一些时间的外文报刊，一边继续喝酒。我总为他准备一瓶斧头牌白兰地，他喝完酒便去小睡几小时。他是有名的酒仙，这原是我家保姆阿一给他取的外号，因为他记不住老乔的姓，便以酒仙称之，以后这外号便给传开了。但是酒仙并不是说他的酒量，而只是说他到我家休息时，总须喝上几杯。香港的广东酒，最普通的是青梅酒，我嫌有些怪味，而且容易上头，所以不喜欢喝，因此我喝白兰地酒也喝成了习惯。但经常喝的还只是啤酒。

说起啤酒，也有一则故事。有一次我和几个同事在九龙塘俱乐部参加宴会，不知谁在席上发起要比酒量，方法是不用酒杯，直接从酒瓶对口喝酒，比赛一口气谁能喝几瓶。那时我年少好胜，便和一个同样好胜的朋友比试了。结果我一气喝了两瓶，而那位朋友则喝了一瓶半就放下酒瓶认输。我当时觉得这样的比试完全是豪气的举动，但事后想想也只是年少气盛所使然，没有什么意思。真正的喝酒还须慢斟细酌，牛饮不能算喝酒，而且啤酒虽名为"酒"，只不过是含少量酒精的饮料，根本说不上是酒。拿肚子去拼，即使比试胜了，也有点阿Q味道。

　　1940年春天我到了重庆。这里喝酒又换了一种花样。不是黄酒，也不是洋酒，而是酒香四溢的曲酒，最有名的当然是泸州大曲，好处在于酒度强而喝后不上头。但是第一次喝却绝不习惯，因为火辣辣的似有一线从嘴里直达胃底。我过去很少喝白酒，在上海唯一的一次是在一位表姊家喝的。当时有人带给她两瓶陕西的贵妃酒，她不会喝酒，更不知这种酒酒性的利害，吃晚饭时给我喝了一茶杯，我也糊里糊涂喝了下去。回到寄居，倒头便睡，午夜为口干舌燥所苦，起来喝水。等到我惊醒时已经坐在地上，小圆桌上的台布和一桌子的茶杯什物全都翻在地上。于是又上床睡觉，第二天起来，脑袋整整疼了一天，以后再不敢喝这种酒了。问懂得喝酒的人，才知道这种酒又名"一线天"，因为喝下去酒的辣味沿食道直透胃里的缘故。

在重庆，我的一个同事是我幼年的同学，听说我到了内地十分高兴，便请我吃饭，但真正的却是喝酒。那时他约 30 多岁，只比我大二三岁，却已嗜酒成癖，每天工作完毕，便坐在宿舍里，一杯在手，大摆"龙门阵"。等到他"龙门阵"摆完，酒也喝得差不多了，便纳头睡下。我所以特别写到他，因为我之能喝白酒，便是由他熏陶成的。我们都住在同一办公楼楼上的单身宿舍里，一下班便聚在他屋子里喝酒。大曲酒的引诱力是很大的，因为一开瓶就酒香四溢，我们在三楼喝酒，一走近楼下便迎面扑来一阵酒香，会使你情不自禁地要喝上一杯。这位朋友名盛霈，如果他还在世的话，也已年届古稀了。可是他后来因喝酒误了事，被机关解职了，不知去向，我也从此少一酒友。回想当年的情景也是十分有趣的。每当工作完毕，便聚在楼头，一杯在手，以四川有名的花生作下酒物，一面看一些男女儿童在我们身旁，嬉戏歌唱。1980 年，我去旧金山时遇到画家卓以玉教授，好生面熟，后来谈起，才知道她那时也在重庆，和父母在机关宿舍里，是常到我们三楼来玩的。原来我和她的父亲还是同事，他乡遇故人，别有一番滋味。

　　除了喝大曲，还第一次喝了茅台。茅台的香味与大曲的不同。茅台的香是幽香，而大曲的香则是浓香；幽香沁人，浓香腻人。所以从酒质而言，茅台与大曲虽各有千秋，但在我心目中，却宗茅台。那时在重庆，茅台也是珍品，大凡请客，很少有摆上席面的，少数人小酌，则又当别论。

　　在重庆大轰炸期间，我患了急性黄疸病，病后便少喝酒了，偶而出去应酬，也是浅尝即止。但即使是这样，也免不了喝得酩酊大醉过几次。一次是香港沦陷后，到柳州接逃归故国的安娜回重庆，朋友们为我们夫妻得庆团圆而欢宴。在这之前，有个朋友送了我两篓子装的泸州蜜酒，我便拿到席上分享同好。这种酒，事实上是大曲的浓缩物，饮前必须兑上曲酒才能进口。可是我们一桌子喝酒的人谁也不知这个奥妙，一上来便奇夸这酒好甜好香，于是相互举杯大喝起来，我一气喝了九十杯便颓然不省人事。第二天清晨醒来，已经和衣睡在床上，喝了几杯酽茶，才算完事。后来问起那个送我蜜酒的友人，他听了大笑，说这种蜜酒必须兑曲酒或水喝，直接喝了，当然受不了。真是见一物长一智。任何事情都是不能充假内行的。这次大醉，使我好几天不想吃饭，胃里好像堵住什么似的，以后便再也不敢狂饮了。

现在上海的名眼科医生赵东升大夫，彼时刚从国外回来，我们也常在一块喝酒。但他是用洋法喝的。他喝惯了外国酒，到重庆只能喝大曲了，便在大曲里兑咖啡、橙汁等等土做鸡尾酒。喝惯了大曲的人视这种混合酒不纯，但喝来别有风味。因为这不是过酒瘾，而是换口味，还有些洋意思。

老乔到重庆来了，但我们很少在一块喝酒，因为他住在新华日报社，行动不可能那么自由自在。每次他到城里来，后面总跟着盯梢的小特务，十分恼人。有一天他酒后微醺，走在路上发现身后有人，他便突然回过身去，把特务申斥了几句，这一来反而使这个特务抱头鼠窜而去，一时传为笑谈。

在重庆喝酒的机会，最经常的是在每次空袭警报解除以后，出得防空洞，满身潮气和霉味，便会有人自动拿出酒来，说"压惊压惊，喝一杯驱驱寒气"。这样一喝，如果空袭是下午来的，便会喝到晚上，因为空袭警报解除以后，大家十分疲惫，又怕还要来空袭，便不再工作了。如果空袭在晚上来，警报解除，大家就睡觉了。有时也有人把酒拿到防空洞去喝，由于凭经验，晚上的警报一定是时间较长而又不敢打瞌睡，警报中便在防空洞里喝酒，那时觉得十分罗曼蒂克，一面听着远处闷声闷气的炸弹爆发，一面一杯在手，海阔天空，乱扯一通，也颇有些视死如归的那种末路英雄气概。总之，只要身入防空洞，便有了护身符，轰炸又算得什么！

那时的酬酢，有三日一小宴，五日一大宴之势。时人以"前方吃紧，后方紧吃"讥嘲当时上层社会的生活。我虽然还不够格到日日赴宴，不过应酬每月总有几次。有应酬必喝酒，酒量似乎大了起来，但我又讨厌这样的生活，一肚闷气，有时亦不免以酒浇愁。愁的是国民党军队节节败退，失地千里，饿殍遍野，这个偏安之局又能维持多少时日。自此便与酒结了不解之缘。

记得在重庆最大一次酒醉，便是日本宣布无条件投降的那天晚上。我听到爆竹声和东京的广播时，正在一个美国朋友处吃饭，因为欢喜，便频频干杯，酒已喝得微醺。回到宿舍来，同事们正在轰饮，我又被拉去喝酒庆祝。那夜的印象保留在记忆中的，一个是我站在椅上大声叫喊，觉得是在演讲，但说些什么，却再也不能想起。另一个印象则是我把大酒壶从三楼的窗口，扔到楼下地上，那闷沉的声音，至今记忆犹新。但我如何回家睡觉的，则已什么也记不起来了。

　　我是1945年年底前回到上海的。八年睽别，亲友们纷纷摆酒接风，这样又喝醉了几次。有次喝醉，完全得归咎于我的大男子主义在作祟。有位朋友在一处私人俱乐部里为我接风，我因临时有事迟到了。进门一看，共设两席，男女分坐。他们见我迟到，便大喊罚酒。我看男宾席上有的是大酒家，心想要逃过这一关，只能坐在女宾席上，因为女宾们的酒量我自信可以对付。事实是女宾们比男宾们酒量更大。每人罚酒三杯，使我告饶不迭，而且悔之已晚。正因为我小看了她们，最后便败在她们手里。那晚上是朋友们送我回去的，坐在三轮车上，寒风一吹，一路吐到家。从此使我在酒宴上不敢再小觑女宾了。以后还遇到过两位海量的女作家，一位是旅美的李黎，一位是国内的谌容，看她们喝酒如喝水，艳羡煞人。

我有个朋友谢春溥，他身材魁梧，声若洪钟，是有名的酒家，平常喝十斤八斤绍兴酒不算一回事。我很羡慕他，起初以为他是绍兴人，自幼练就的喝酒功夫。其实不然，据他自己说他每次有宴会，在临去前必先喝两匙蓖麻油，这样油把胃壁糊住了，不再吸收喝下去的酒；因此，他可以多喝不醉；这道理正像是俄国人喝伏特加烧酒佐以鱼子酱，有异曲同工之妙。我和他多年朋友，就没见他喝醉过一次；不过连喝两匙蓖麻油，对我说来却是一件难事。

在上海还喝醉过的一次，是上海解放的那天早上。我当时为了国民党特务的搜捕，避居在中国儿童福利会顾问美国人谭宁邦家里。我们临窗看了一宵马路上的憧憧人影。在天泛鱼肚色时，才认出是人民解放军。上海终于解放了，于是喝酒庆祝。空肚里灌下三杯鸡尾酒，头脑便森森然。但那天喝醉而不觉其醉，还是兴冲冲到陈鲤庭处写欢迎标语去了。

　　1949年后到北京参加工作，因为工作忙，便很少喝酒；但也有可记的几次。一次是朝鲜驻华大使庆祝朝中社中国分社正式成立请客。大家喝酒已经都差不多了，这时大使却拿出朝鲜有名的人参酒来给我们喝，三杯落肚，就有些天昏地黑起来。但我深自告诫自己，不能露出丝毫丑相而犯了外事纪律。我居然强自镇定下来，一路平安回到宿舍。

　　一次是周总理给乔冠华一坛女儿红绍兴酒，乔冠华邀我们去共赏佳酿，据说这酒已窖藏了四五十年了。我们兑了新酒喝了，其味香而醇，的确是好酒。不过我浅尝即止，怕陈老酒的后劲发作，闹出笑话。

　　最后一次酒醉是在1960年初，那时我刚摘去右派帽子。有两个朋友置酒为我祝贺。做了二三年的"人外人"，我当然深以早日摘掉帽子为庆。那天喝的是为庆祝建国十周年特制的茅台，一瓶酒我大概喝了五分之三，不觉大醉，由朋友送回家。酒席上，我边喝边说，唯一记得的则是我老说一句"我不是有意反党的"，真是酒后吐真言。

自从 1960 年的一次大醉后，一切似乎到头了，我便不再放任自己狂饮猛喝，到有人招饮时，便以吃菜为前提。过去我虽然总结出一条经验，不空肚喝酒，但到了座上，友辈言语一激，便不顾这条一得之见，放杯大喝起来，结果酒入空腹便不胜酒力，这也可见我的好胜痼疾之不能一旦断绝。杭州人讥嘲这一类的人为"阿海阿海，旧性不改"，我大概可以归入此类人的。

十年动乱，我被"隔离"拘留了达四年半之久。前二年独居斗室，饮食起居都有人"照看"，当然无法喝酒。后三年则在湖北沙洋干校劳改，想不到竟因喝了一杯水酒而横遭物议。第一年在干校度新春，每人得买酒半斤，我将这张买酒票转送给人。不图在他们欢度新春时，几位暗中同情我的人在欢饮之余，见我独座一隅十分可怜，便"恩赐"淡酒一杯。事情过后，不知怎的消息传到唯我独革的人耳里，竟招来了一些闲言碎语，说我不服监督，与"革命"之辈平起平坐，实属可恶。幸而主事的人并未苛责，一场风波也就平息了下去，但给我的刺激却不小。虽未断指明志，却自誓永不再喝酒，以免贪图口腹，贻人话柄。想不到过了这三年劳改生活，我又上升为"人"。获释之后，第一次随友人去镇上赶集，还是禁不住在菜馆里喝上了几杯，聊以自庆。

话说那一天我跟着两位同事来到沙洋镇，事前这两位同事便问我要吃些什么，我说鱼我所欲也，想不到这句话，竟引出了一出闹剧。他们说你要吃鱼可以，但必须听从他们的指挥，不可随便说话，要装作"首长"模样，我也便听从了他们。于是一干人直奔小镇上唯一的大酒馆汉江饭店而去。进了店，同行的老何对这家饭店原是熟客，便问有什么鱼可吃，服务员说，你们来得不巧，鱼都已卖完了，来点别的吧。老何说我们原是为鱼而来，因为"首长"（指我）知道你们店家做的鱼好。服务员和经理都说没有办法，老何便迳行进入厨房，他东张张西望望居然搜到了半条大鱼。老何说他们不老实，经理说，这是今晚上准备区委书记请客用的。老何便说"首长"是从北京来的，是你区委书记大还是"首长"大，不吃半爿，也得吃四分之一。店家人看见我，高坐餐桌首位，同行的两位又给我倒茶点烟，十分恭敬，看不见其间有什么破绽。大概想想如果真是北京来的"首长"，他们也不敢得罪，便同意卖给我们这四分之一斤的鲜鱼，做出他们的拿手菜来（这家饭店是以善做鱼而闻名镇上的）。这一次我除了喝酒，还吃了美味的鲜鱼。离开店家，三个人不免大笑了一场。这是我当年"充军"沙洋唯一值得大快朵颐的事，至今铭记不忘，同时深服老何和老关两位同事的巧妙安排。

1972年底回到北京后，我很少喝酒饮醉过。有时家里来了客，我也不过陪他们喝杯啤酒或半盏红葡萄酒。但是想不到我这喝酒的故事，到此还不能告一段落。1980年应美国哥伦比亚大学翻译中心的邀请和卞之琳先生一同去美讲学，人从美国东海岸、中西部一直走到西海岸，到哪儿就喝到哪儿。喝酒似乎是美国社交的一种不可少的形式。我们中国人请客不设宴会不尽礼，吃得到席的人吃不下为止；甚至一餐下来，还有不少原封未动的菜肴，因为往往吃到后几道菜，再也无人动箸了。这种浪费风最近在刹，实是好事；平时有客来，则是烟茶款待，也就足矣。初到美国，你去做客，主人必开一酒会招待，良朋数人，在喝酒中作清谈，似乎气氛较为亲切。即使不以酒会招待，你去拜访时，主人亦必拿出酒来；你应邀去他们家做客时，往往也向主人送酒一瓶。

西方人喝酒等于我们喝茶，名目繁多。一般最普通的是啤酒，其他便是白葡萄酒。下午去做客时（在四五点钟），便请客用鸡尾酒了。鸡尾酒虽非全是烈性，多饮也能醉人，其掺兑法种类不一，坊间有专门讲兑酒的著作。我非酒徒，从不过问其中学问。但知吃饭时喝红葡萄酒佐餐，饭后则是烈性酒如白兰地、威士忌或姜酒等助兴，就看你的酒量了。一般是器皿大而盛酒仅及二三指高的量度，外加冰块而已。至于香槟酒一般是大宴会或特殊庆祝时才喝的，我就很少参与这种场面。

总之，身在国外喝酒从来不敢过量，因为怕喝醉了闹出笑话，自己出洋相还在其次，有损国格则是大事。最后的一次是在哥大翻译中心给我和卞之琳先生举行的庆祝访美成功的酒会上，我和卞老成了近百人举杯欢谈的对象。我一面与人谈话，一面频频举杯，很少吃酒菜或可以果腹的食物，不免有些醺醺然起来。幸而这时酒会已到尾声，宾客逐渐散去，我也强自镇定了下来。白英教授的女友，的是可人，她已为我备下夜宵解酒了。

1982年我第二次患小中风（第一次发生在1971年湖北沙洋监督劳动中），幸而抢救及时，只落下一个左臂左腿不灵活的后遗症。这也是半生好酒所致，尽管减去多少生的乐趣，我也只能默忍。今日看见许多老友因此病废床笫多年，不寒而栗，便真个不敢再以杯中物赌生命了。自此禁酒戒烟，以粗茶淡饭自享，数年以来不羡长寿，但求健康，能偷得余生平安，多读几本书，多写一些舒怀文章，亦晚年乐事也。

一九八七年国庆前

于听风楼

酒话

楼适夷

> 谁说我们是无酒醉之国呢？不过中国醉
> 汉搞武斗的少。

吴祖光同志来函约稿，他要编一本谈酒的散文集，暂定名为《解忧集》。我是一个乐天派，无忧可解；我又不是一个大酒徒，只算一个"小酒人"；近年又受医生之劝，馋痨时也只喝点没有酒精的啤酒。可是对酒，有话可谈。出生的县城旧属浙江绍兴府，沾上鼎鼎大名的酒乡之边；我祖父开过小酒坊，在家造酒，这事业归我伯父继承，从小小鼻孔闻惯酒香，特别同酒司务订忘年交。按"书香门第"的模式，也可以夸一下"酒香世家"吧。

家乡有句俗谚，叫作"一两黄汤四两福"，把酒尊为"福水"，意即有福的人才会喝酒。我祖父当然能喝，可我出世他已不在。伯父家虽造酒，却只会靠酒挣钱，不会喝酒。造酒大可挣钱，俗话说"做酒不酸，譬如做官"，旧社会做官和发财是连在一起的。可见造酒之利不薄。我父亲也不喝，都是没福之人。祖父的一只酒杯归叔父继承。叔父出门在外，休夏探亲，每近日落，把桌子端在院子里，对酒独酌。偏偏我两位堂兄也不沾酒。只有我，那时没上学，一见叔父喝酒，便扑到他身边去，开头的目的只是分润一点他的下酒物。叔父顺便拿筷子在酒瓶里蘸蘸，喂我尝尝，我竟然眉头不皱，而且张口还要，于是受了表扬："爷爷这只酒杯，有第三代的继承人了。"

可叔父在家日少，他一出门，我便失了酒友，只有时家里雇工干活，作为慰劳，完工晚餐，母亲给备一点酒。有的对黄酒还不过瘾，得备烧酒，北方叫白干。我居然趁母亲不见，偷偷尝了一口。这一回闯了祸，辣得满嘴跟火烧一般，大叫起来，人家把凉毛巾塞在我口里，才好起来了。从此便不许我碰酒了。祖母、母亲事事顺着我，就是不许我喝酒。不过生在酒乡，与酒为邻。我家住在一条小街上，东边不远一家酒米店，西边隔个大院一家小小的热酒店。跟祖母站在大门口看街景，每近傍晚，四近一些当行贩的，卖苦力的，都一一歇工回家了，一手挟着小淘箩，一手提着锡酒壶，把一天劳动所得，为全家籴几升米，替自己搞半斤酒，辛辛苦苦一天，这是最愉快的时间了。西边那家小热酒店，闹市却在午夜。夜深人静，我跟母亲睡在楼上，睡梦醒来，楼窗外会传来闹酒的声音。这些酒客才是真醉徒，常喝得迷迷糊糊，被老板娘下逐客令，才摇摇晃晃，跌跌跄跄回家去了。边走，边嘴里还念念有词，或是大嗓子来几句高调。我至今还记得几句绍兴高调，那几句往往不是从庙会戏台上，而是从夜街醉汉的口里学来的。

从前日本人嘲笑我们："支那是没有酒醉与情死之国。"我小时候亲见的几位街坊，实在可以称得上醉徒，大有"天生刘伶，以酒为名，妇人之言，慎不可听"以及命仆"荷锸相随，死便埋我"的气概。比如一位开染坊的老板，老大家业，全归儿子，只伸手在铺子里捞把酒钱，整半夜泡在那家小热酒店里，喝得醉醺醺才回家。妻子长子，以家务店事相商，便说："别问我，譬如我已经死了！"他已把权力全部交出，全无老马恋栈之急，也没有失落之感。

更有趣的一位，是沿街叫卖的熟肉食的小贩。每天下午，他一臂挽一只木制的大方筐：猪头肉，猪耳朵，猪大肠，猪肝……全是下酒的佳品。他一路卖，一路遇到酒店，便把卖得的钱，买酒自酌（当然下酒物是现成的），大有武松打店之风。于是卖完回家，常常所余无多。原来家有贤妻，每天替他煮好满满一筐肉食，供他边卖边喝之用。据说，太太手里是有些钱的，认为与其让他枯居闷饮，一样花钱，还是让他有个职业，每天活动活动，花点劳力的好。

各色酒徒，小时见过还不少，谁说我们是无酒醉之国呢？不过中国醉汉搞武斗的少。使酒骂座，虽然并不可爱；酒后开车，也有闯祸之险，大抵还是斯文的多。在日本见过醉汉拦住电车，不让开行；也见过醉汉上车，全车乘客逃光，最后，只好由警察出场，捉将官里去，请他在留置场留置一夜。在中国似乎没有见过。

我自己也醉过几次，特别战时在部队里，平时伙食，涓滴不饮，遇到节日和庆祝，杀猪宰鸡，大吃大喝，用吃饭碗装白酒猜拳，一口气咕嘟嘟喝下去，也不过赶快回宿舍睡觉而已。1949年以后，聚餐赴宴，有时偶失节制，多喝了几杯，回到家里，兴高采烈，从老保姆手里，夺过还在怀抱的孩子，当大皮球望空抛接。于是孩子大乐，而保姆大惊，硬从我手里夺走了。

这是老话，被抛过的孩子都三十多岁了，"好汉不说当年勇"，久矣乎，吾无此乐矣！

我曾计划写一篇《烟话》，因为抽过几十年的烟，戒绝已近十年，至今还落个治不好的慢性支气管炎。我一发病就引起对烟的旧恨，见人抽烟，如见服毒。但现在写《酒话》，却有恋恋不舍之感，想到的却是乐趣，却是幸福。友人中有个蒋锡金，一起开会同住宾馆，晚餐酒醉饭饱，临睡还在床头藏瓶二锅头，再咕咕地喝一个够才休息。几次外出开会遇到杨宪益同志，每到一处，入境问俗，他总上市场去找当地特产的名酒。我看了很羡慕，认为他们真是福人。但喝成了酒糟鼻我也反对，警告过锡金："你鼻子都红了，还喝？"锡金笑笑："我自己没看见，没有关系。"还记得 60 年前住上海闸北贫民窟，常见酗酒的"白俄"，买不起酒，买一大杯点火用的酒精，一口气直吞入肚，用手掌扪住了嘴，昏昏颠颠地走着，就倒在马路边的积水沟里睡着了。如此饮酒，亦大可休矣。

　　上边写的都是酒话。酒话者，酒后之言也，难免拉七拉八，语无伦次，连我自己也不知道是在歌颂，还是在暴露。

　　注：鲁迅先生悼范爱农诗中，有"把酒论当世，先生小酒人"之句。恕我无学，不知"小酒人"应作何解。据诗人臧克家解释，"小酒人"是不大喝酒，或喝得不多的人。范爱农酒量如何，已不可考。现在暂借用臧解以自况耳。

一九八七年十一月廿三日

吃酒记趣

彦火

　　　　懂喝酒，爱喝酒，不一定就是爱酒。

　　1. 我之喜欢喝酒，源自家教。

　　当我还是毛头小子的时候，先父教训：平时少喝汽水，可以喝点酒。原因是汽水乃生冷之物，败坏肠胃；酒则刚阳之物，有益气行血之功。

　　先父虽然目不识丁，算术却顶呱呱，算盘打得嘀嘀作响。只见他手指一拨，轻巧如调弦，精确如今天的电子计算机。此外，不识"大"字为何许（父亲的口头禅）的他，却在菲律宾营起商来，做得有声有色，比书塾出身的叔伯更来得精明和具备生意头脑。

　　父亲自有父亲的权威。父亲的话，不一定句句是真理，但在我幼小的心灵，父亲的每一句话，迹近真理，我是俯首贴耳的。

喝酒是一例。父亲每晚就寝前，必喝它几盅，随手也倒少许给我。初起喝酒，很不是滋味，如灌药水，我一沾唇，便囫囵吞下。只觉如火攻心，头涨耳热、脸红心跳、泪盈满眶。我生性倔强，心中念头一闪：自古赳赳武夫如武松、张飞，满腹经纶如李白、杜甫，哪一个不是酒中豪杰？每想及此，冒上来的热气消褪了，急促的心跳平伏了，胸臆充弥着堂堂男子汉的干云豪气。

所以学喝酒在我来说，比读书上学容易得多。

当年我不过十岁，已懂得把酒持螯，这该算是酒中神童吧。

父亲喜欢喝家乡土酿，譬如五加皮、高粱、玫瑰露等等。偶而也喝威士忌，但极少喝白兰地。

父亲好杯中物，想来也有因由。他12岁便背乡离井，远涉重洋，在异国挣扎求生。早年华侨的血泪生涯，他都尝遍了。

异国的孤绝，思乡的殷切，所渭"孤客，一身千里外，未知归日是何年"，只有杯中物能聊解千般寂寥、万般愁绪。

2. 我虽爱喝酒，但酒量并不大。由于好胜使然，从不会当众醉倒，也不会借酒行凶或借酒骂街，所以酒品甚好。

记得早年年少气盛，偶尔也与朋辈斗酒。十多年前，笔者在某报任事，报馆的一位记者向笔者挑战，并且要求喝一种与众不同的酒——三蛇酒（除了三蛇，还浸了十多种中药材，取其味道又苦又涩、又难入口的一种）。每人一斤，佐以花生米。

对方喝了大半斤，一张脸已涨红得如同猪肝色，不用多久，提一提身，便四脚朝天，仰倒在地。我则坚守阵地。虽然越喝越反胃，但越反胃越是要装作若无其事，越要表现出神闲气定，豆大的冷汗便浘浘而下，挂满额头。我当时已近乎虚脱，只好默诵"坚持就是胜利"六字诀，终于拼力捱完了最后一滴酒。

在同事的鼓掌声中，我已是酸水上涌，肠鸣如雷。我二话不说，飞快跑出去截"的士"回家。一迈入房门，天旋地暗，胃中物立即倾巢而出，呕得满床满地。

当时我刚刚新婚燕尔，其狼狈之状可想而知。从此一听到"三蛇酒"，便条件反射，不敢造次。

自从体验过醉酒的滋味后，再不敢轻言与人斗酒。此后也没有历史重演。

3. 其实真正享受喝酒的人，一般都留有余地，最舒服是喝至似醉非醉，渐入佳境，油然生起飘飘欲仙之意。古时李白每醉为文，未有差误，被许为醉圣，想必是这种境界。不然，已喝得酩酊大醉，何来举笔作诗之雅兴？

我的好朋友之中，以诗人郑愁予和南朝鲜诗人许世旭最善喝。不仅酒量豪，酒品也好。

1983年愁予与笔者一同参加新加坡第一届"国际华文文艺营"，出席应届文艺营的人尚有来自美国的聂华苓、於梨华、刘大任，来自中国台湾的洛夫、蓉子和吴宏一，来自祖国大陆的艾青、萧乾、萧军。

临别的前夕，当地富贾连中华先生邀宴于新加坡一家豪华的夜总会。是晚席上有茅台酒供应。临别依依，愁予酒兴大发，与在座各人逐一干茅台。当晚，他一个人起码喝足一瓶大号茅台。喝完之后，神情若定，并且朗诵一首他的新诗作，洒脱自如，赢得满堂喝彩声。

世旭虽是一个高丽人，但读过他的诗和熟悉他的人，不难发现他是"土生土长于中国土地上的一个中国诗人"（蒋勋语）。因世旭是一个以第二国语言文字来写作而卓然成家的诗人和学者，在文学史上也是少见的例子。世旭除了用中文写诗，对中国的各种名酒，也知之甚详。他经常自称，中国的诗和中国的酒，是他的良朋益友。

20多年前，他在台北留学，苦读之余，也不忘杯中朋友，甚至为了买醉而"囊空如洗"，有诗为证：

> 二十年前
>
> 周末在龙泉街
>
> 身上刚有一张十元
>
> 够解两张口的馋
>
> 一瓶长颈的太白酒是七块
>
> 剩下三元就有花生米和豆腐干了

诗人身上仅有十元，便闲不下来，硬是要学李太白，全部奉献给酒馆，憨得可亲，浪漫得可爱。这首诗便是收入他的《我的浪漫主义》专辑中。

犹记得 1984 年参加美国爱荷华"国际写作计划"，秋深后所有作家均作劳燕散，唯独我留下来继续进修。偌大的五月花公寓顶楼，只剩下孤零零的我，真有点"云山万里别，天地一身孤"的况味，好不寂寞。那天，窗外下着纷纷的大雪，世旭却来了电话，说他正要驾车来接我到他家浮一大白，而他漂亮娴雅的夫人还准备了几个下酒小菜，我为之感极而泣。

　　有一天，天寒欲雪，我们的大诗人雅兴大发，建议携酒去郊外烧烤，约了我和聂华苓一起去。我们到了湖滨一处烧烤的地方，迎面北风虎虎，冷飕飕的，砭人肌肤，我冻得直打哆嗦。由于风大，我们生的火，很快便被刮熄。生火不成，携去的一瓶伏特加已喝个干干净净。审时度势，唯有急流勇退，打道回府，若果再作逗留，三个人不变成冰雕几稀矣。

　　后来，我们在聂华苓的阳台架起炉火，烤韩国牛肉，喝聂家珍藏的贵州茅台，正是苦尽甘来，滋味无穷。不久，天下起毛毛雪花，我们不禁乐得手舞足蹈。

　　在爱荷华期间，我们经常打聂家私藏佳酿的主意。

聂家酒柜藏有不少好酒，特别是中国名酿，如贵州茅台、泸州大曲、山西竹叶青、绍兴酒和五粮液，偶而还有金门高粱。在美国中西部一个偏远的小镇，藏中国名酒之丰，简直不可思议。我们经常编派一些名目跑到聂家去煮酒论英雄，聂华苓以慷慨海量、恢宏大度著称，有好酒也不吝请客，公诸同好，使我们这些流落异乡的天涯客，可以借酒浇愁，也可以借酒行乐，排遣不少寂寞。

4. 希腊文中有一个酒神，叫巴克科斯（又名狄俄尼索斯），是古希腊神话中的酒神和欢乐之神。希腊各地都建有神庙，每年举行盛大的酒神节来祀奉他。普希金也有《酒神祭歌》的诗篇留下。

堂堂具有五千年悠久文化历史的中华，连一种纯吃酒的节日也没有，实在说不过去。有一次曾与世旭商量创办一个"酒节"，愿普天之下好酒之人同一庆。

其实，懂喝酒，爱喝酒，不一定就是爱酒，世旭是真正爱酒之人。月前他来香港，我们一干老朋友，柏杨老、柏老夫人张香华女士、彭邦桢，摆龙门于一家潮州馆，我购备一瓶茅台去。席间，我给世旭倒酒，不慎有少量酒溢出，他气急败坏（并无过言）地直跺脚，大叫好酒怎可浪费，我们不知他那么认真，全给他唬住了。

后来他才告诉我们，台湾诗人纪弦老先生，每当酒溢在桌上，还俯身用舌头舔干它。这个故事令在座的人（包括不喝酒的柏老）为之肃然起敬。世旭和纪弦先生才真正是爱酒之人。

诗与酒仿佛成了不解之缘，陆放翁有"百岁光阴半归酒，一生事业略存诗"之句。设使这个世界少了美酒，人生便会减去不少欢乐，也变得单调乏味了。诗意与酒情是并存的。唐朝韦庄在乱世中与友人相遇，写下了"老去不知花有态，乱来唯觉酒多情"的诗句。世局动荡，不如意事常八九，只有酒樽可以长相伴，谁能说酒不多情！

一九八七年十二月十八日

父亲醉酒

叶至诚

> 父亲跟我一样：青少年时代不免也有喝
> 得酩酊大醉的事情。

有位读了我父亲的《日记三钞》的文友兼酒友，不无赞赏和羡慕地对我说："您家老太爷可是每日必酒呀！"在我的印象里，父亲也好像果真是无日不酒的。去年抄写父亲在抗日战争期间的日记，方才澄清：其实不然。1939 年 8 月 19 日，我们家在乐山被炸以后，父亲的日记里常有"过节（或者祭祖）所剩之酒，今日饮完，明将停酒""（某某）所赠酒昨已尽，连饮半月，该止酒矣"这类记载；而且，当年我们家买酒，甚至于不能够一斤一打，而是以一元钱为度，打几两来，供父亲喝上三四天；即使在有酒喝的日子，限于一天一次，不过一两多点儿，微醺而已。上述情形，按说我都曾经耳闻目睹，后来却被一般的印象全淹没了。可见大而化之的回忆，往往与事实有许多出入。

在我的印象里，父亲几乎是从来不醉的，看来不少人都以为是这样。然而，读了他老人家从十七岁生日那天开始写的 22 册日记，发现父亲跟我一样：青少年时代不免也有喝得酩酊大醉的事情。由此推想，这大概是好酒而非酗酒者必然要经历的一个阶段。到我记事的时候，父亲喝酒早已很有自制了；我所记得的父亲醉酒仅仅只有两次。

一次就在乐山被炸以后，我们家在乐山城外张分桥竹公溪旁雪地头的时候。有位在武汉大学教基本英语的英国教授雷纳，听说我父亲颇有酒量，特地请我父亲到他的宿舍里去喝酒，其中当然有较量一下的意思；这一天父亲应邀去了。直到午后的太阳光不再像针蜂那样刺眼，母亲忽然连声喊道："三官，快点，爹爹吃醉了！"只见我家茅屋前，横穿旱地那条灰白灰白的土路上，父亲正一脚低一脚高，摇摇晃晃地往这边走来。我连忙窜出竹篱笆门，迎上前去；父亲却没事似的对我笑笑说："我吭啥（吴语'我挺好'的意思）。"扶他进屋里躺下，不多一会儿就入睡了。后来得知，那回雷纳也喝醉了。只是雷纳就在自己的宿舍里，我父亲却要从文庙近旁的武大宿舍走出城外，再走四五里路回家。

我对雷纳教授的印象原来就不好。乐山被炸之前，武大附小的学生中间盛行集邮，我也迷得厉害。有一天和几个同学商量，居然想到雷纳教授的字纸篓里去找外国邮票，擅自走进了他的宿舍。雷纳本来在外间跟别人聊天，一眼瞧见，跨进门里，厉声喝道："谁叫你们进来的？出去，出去！"尽管讲一口地道的中国话，可是那直角三角形似的高鼻梁，好像立着两条深沟一样瘦削的面颊和落在眼潭里的蓝眼珠子完全非我属类，煞是可怕，煞是可恶！我随同几个同学飞奔出门，心里不由得愤愤地想：那么，谁叫你进我们中国来的？倒是你自己该出去，出去！所以，父亲跟雷纳教授比酒的结果，叫我兴奋得憋不住四处宣传。在我当时的想象里，甚至把事情描摹成这样：雷纳醉得不省人事躺倒在地上，父亲却若无其事地走回家来；竟跟先前时流行的爱国主义影片《武林志》《东方大魔王》……之类的故事相仿佛。

父亲还有一次醉酒，是在1946年11月30日。抗日战争结束，我们一家子乘木船东归，定居上海，将满一年。那不到一年的时间里，震动心怀的事情接连不断：2月里的重庆校场口惨案；4月夏丏尊先生发出了"胜利，到底啥人胜利"的疑问，与世长辞；6月，又有南京下关事件；7月，李公朴和闻一多两位先生相继被刺……这许多事情的背景，则是第三次国内战争日渐从局部扩大到全面。11月30日是朱德总司令的生日，1946年恰好逢60大寿，尚未撤离上海的中国共产党办事处，邀请各界民主人士到马思南路办事处所在地去喝寿酒，我父亲也在被邀之列。下午一点半钟左右，一辆黑色的小轿车开到福州路开明书店旁边停下，两位中共办事处的工作人员把我父亲扶下车来。当时我还在开明书店当职员，又恰好轮到在门市部值班（开明书店曾经规定：其他各部门的青年职员都要轮流到门市部去值班，以便了解书店与读者的关系），同事中有眼快的立刻指着告诉我："叶先生醉了！"这一次父亲可醉得半倚在一位工作人员的肩上，头也竖不直了。我和同事们急忙上前；父亲转倚在我的肩头，口齿不清地再三向那两位工作人员致谢告别。这时候正在编辑部午休的母亲和哥哥都闻迅赶来，大家簇拥着把父亲扶进弄堂，扶上楼梯，扶到编辑部外间会客室里的长沙发上躺下，七手八脚地绞来热手巾，端来热茶。我只道父亲一会儿会睡着的，就回门市部了。谁知道没过多久，却听说父亲在楼上哭呢。原来他躺下以后，嘴里一直不停地在说，只是"呜噜呜噜"听不清说些什么，说着，说着，竟哭了起来……到四点钟光景，我嫂子带了六岁的三午上街买东西，路过福州路，来编辑部里打个转；父亲大概迷迷糊糊睡了些时候，醒来看见小三午，招手让他到自己身边去，然后从口袋里掏出一只硕大光彩的苹果来，对三午说："看，这是烟台来的苹果，你知道吗？这只苹果是从烟台来的。烟台，你可晓得，那里是什么地方？"（烟台当时是解放区。）他把苹果塞在三午手里，却又关照三午不要吃；过了一会，又说："我们为朱德总司令庆祝 60 岁生日。你可知道，为什么我们要给朱德将军祝寿？为什么不给蒋介石祝寿？……"他反反复复、含含糊糊地只管这样讲，由此，我们推断，方才他讲的大概也就是这些。

父亲这一次醉酒，不仅给我留下了深刻的印象，更加深了我对他当时那种复杂心情的理解。尽管父亲后来没有讲起，我总以为那天他并不一定喝过了量，何至于一醉至此？只因为抗战结束以后牵心挂肚的无数大小事件，交织在他心里。一个经历了辛亥革命、北伐战争、十年内战、抗日战争这许多次大兴奋和大失望的、开明却不激进的知识分子，对于蒋介石国民党所寄希望的幻灭，对于中国共产党的敬佩与期望，尽在那一醉之中，一哭之中。

醉福

忆明珠

> 醉了就哭，什么都不为，只是觉得哭哭
> 舒服，就非得舒服一下不可。

人生难得一醉，醉而难得一哭。据说"英雄有泪不
轻弹"，又道是"革命流血不流泪"，这当然令人激扬
奋发。然而大丈夫倚天仗剑，酒浇块垒，泪洒山河，不
也够得上当行本色的吗？

我大醉了，真所谓"酩酊"大醉了。我好饮，实不善饮，
往往"饮少辄醉"。但像这样的大醉，并不经常发生。
这一回，"有朋自远方来"。几年前结识的一位朋友——
一位老剧作家，不知为何发了豪兴，从他的家乡来这座
滨江的小城看望我。我有点受宠若惊。少不了备下点薄
酒野味，为客洗尘。平生屡为阶下囚，偶充座上主，已

经飘飘然若有凌云之气，情不自禁，一杯复一杯地向客人劝酒不止。结果，客人朱颜未酡，我自己却落得不推自倒了。

我被同饮诸君从八仙桌肚下拖起，扶到一张床上，又七手八脚地给我脱鞋子，拉被子，垫枕头。"他哭了！"有谁尖声喊起来。我知道，我哭了。因为我觉出一股热泪从眼角涌出，如堵不住的泉水，在脸颊上纵横奔流，颇有点淋漓尽致呢！人们开始讨论怎样为我解酒。有的说用冷毛巾捂头；有的说沏上一杯酽酽的苦茶；有的说快到厨房拿醋，灌上半瓶镇江醋，保证醒转，醋解酒的效果至佳，等等。方案很多，好像只是提出来供参考选择，并未加以实施。房间内渐趋寂静，不久，却从隔壁传来忽而"大饼"，忽而"油条"的叫牌声。我的朋友们就地把酒桌当牌桌，打起麻将来了。这种活儿，我们给它取了个代号，叫做"修长城"。

我猛然觉察到，我被遗弃了。刚才还互相举杯共饮的好友们，大概以为我已经醉得人事不知，便像替我治丧装殓似的，马马虎虎应付一番，遂即把我撇在一旁，跑到隔壁寻欢作乐起来，这还叫什么朋友情谊！我恨不能抡起拳头，把板凳、桌子砸个稀巴烂。但我挪不动手脚，它们好像脱离开我独立出去，成了我的身外之物，漠然地看着我遭受人家欺凌，不作任何表示。这更使我的滚滚热泪一放难收。我怎会如此孤立无援，怎么会沦落到如此可怜的地步呢？我微睁开眼，凄惶地寻望四周，透过模糊的泪水，忽然发现是他——是我的那位远道来访的客人，正独自守在我的床边，暗暗地陪着我流泪呢！他的眼圈红红的，这不完全由于酒的刺激，至少有一半是因为他不断地擦泪，才把眼睛搓揉成这个样子。我仿佛真正起死回生似的，亲眼见到了我死后的情景。平日亲近的人全不见踪影，倒是一位远客不巧遇上我的死，却成了唯一的守灵者。他的年龄比我大得多，他完全是以长者的仁心垂怜于我这个孤苦伶仃的亡魂啊！这时我再也不能只默默流泪，便尽情地放开悲声号啕大哭了。客人也抱住我的头痛哭不已。隔壁牌桌上的朋友闻声涌来，他们肯定以为发生了什么不测之祸。我无心理睬他们了，当他们乱嘈嘈慌成一团的时候，我陡觉万分疲惫，浑身血管里的血好像全已淌尽，头脑轰的一声，整个身躯像一片枯叶，轻盈而无可挽回地跌落向黑沉沉的虚空里去——那是睡的王国，又叫黑甜乡。可惜我一点也不曾领略它的黑与甜，便睡了过去。

等我一觉睡来，已是第二天的日上三竿。客人来去匆匆等不及跟我告别，已乘船离去。朋友们虽常与我共饮，在这之前，还并未注意到我有醉哭的毛病。一是我努力控制自己少醉，更避免大醉；再者我的醉哭，一般不哭出声，装作睡的样子，脸向暗处，有多少泪都流得了，谁也不会觉得有什么异常。所以朋友们像报告新闻般把我昨日的醉态，绘声绘影地又详尽地描述了一番。他们还透露，那位剧作家行前再三叮嘱要留心观察我醒后的情况。因为他认为我的醉哭，必定有着什么伤心事，而伤心事无不发生在男女之间。他臆测我当初可能有位女友，类似潇湘妃子式的人物，也葬过花，也焚过稿，最后她自己也像花一样地被葬了，也像诗稿一样地被焚了。这种事，谁逢上都伤心。所以我的那位客人，表示对我的醉哭能够充分理解。朋友们还说他虽也醉醺醺的，但决非逢场作戏，他是一片真情地陪我同哭。直至我睡熟多时，他才噙着泪水，离开我的床边。

我哈哈大笑，大笑不止。笑过一阵，觉得实在有趣，又复大笑。朋友们大为惊诧："你怎么了？"——怎么了，我哪里会那么浪漫蒂克！我的醉哭，一向与女人无关。醉了就哭，什么都不为，只是觉得哭哭舒服，就非得舒服一下不可。流上一通眼泪，窝藏在肚子里的什么东西好像全跟泪水走了，心境会像水晶般的透明、空灵。这样就可以睡个好觉。一觉醒来，揉揉眼，伸伸腰，江山如旧，我也依然故我，好像什么事情都不曾发生。那么，这一次的醉哭，为什么会哭得这般伤心，一点来由都没有吗？也许有一点。当大伙拖我到床上的时候，我很有点紧张，莫非要拖我到法场？这好不堪设想。不论什么场，我都厌恶透了。甚至包括官场，甚至包括情场。然而纯属偶然，这当儿不知怎的，我忽然想起了《千字文》开头的几句："天地玄黄，宇宙洪荒……"难道我便是这玄黄、洪荒之中的一粒微尘吗？否则我怎会这般软弱无力而任人摆布？于是一阵苍凉之感掠过心头，便不禁流下泪来。而后，又以为自己的被遗弃，才大哭；这时大概也真的大醉了。总之，跟我的客人所臆测者，相差甚远。

但，我对这位软心肠的朋友，并无丝毫讥笑的意思。只因他的臆测太有趣，才令人忍俊不止的。这带有我欣赏的成分，并流露了我心理上的满足和骄傲。试想想这个道理吧——人生难得一醉，醉而难得一哭。我于这两个难得而外，又获得了一个难得的同哭者。更难得的是他哭得比我更真、更伤心。我既拥有这许多难得，那么，我应是荣耀的，好运的，有幸的。所以，我有福了！这是一个饮者、醉者的难得之福——醉哭变成了醉福！

从这次分手，我跟这位剧作家再未有机会相聚。偶有短札往来，也是简短问候，语焉不详。以后，听说他写了一个爱情轻松喜剧，演出效果甚好，却逢上了抓阶级斗争，我知道他因此一剧将不甚轻松了。再以后，听说他嗜酒愈甚，他房间里从桌肚底到书架顶，都堆满了大大小小的酒瓶；我又知道，这些酒瓶对于摧毁他的生命堡垒都会发出手雷和炸药包般的威力。最后的信息是听说他退隐了。直至1979年或1980年，忽然接到从某地寄来的一纸讣告：他去世了！按讣告上所写的召开追悼会的日期，已过去三个多月了。

人是怕听到噩耗的。然而这一次，我不能不埋怨这噩耗的到达被延搁得太久太久了。我这远方朋友的亡灵之前，怎可少我一个吊唁者呢？此君而后，尚有何人情愿陪我同醉同哭！

其实，我早已跟醉告别了。"文革"十年，焉敢醉！那将给妻子儿女招致更大的不幸。因为那时我若醉了，怕未必仅仅醉哭一场，倒可能演一出"击鼓骂曹"的。及至"四人帮"垮台，该好好大醉大哭一场了，因长期戒酒我已想不到还有酒这回事。如同嘴巴被多年贴上封条以致丧失了说话的本能。唤起我大醉大哭一场的欲望，只是在接到我那位剧作家朋友去世噩耗的时候。然而此君已矣，复何言哉！

"文革"而后，又一个十年过去了。这其间，我看过不少武打片，深受教益。因此我才得知在我们号称国粹的武库里，还有那种叫作"醉拳"和"醉棍"的绝招。然而这又使我不寒而栗。即使今天不乏情愿陪我同醉同哭者，我又何从鉴别他们确为醉翁而非拳林高手？若冷不防给我一顿"醉拳"或"醉棍"，可怎吃得消啊！

于是，现在我情愿丢掉我应享有的那份"醉福"了！

一九八七年十月四日夜，南京上乘庵

酒、酒仙、小酒徒

邹霆

> 常春藤则象征着割不绝、斩不断的人类
> 希望，象征着一种生命的活力。

今年8月1日前十天的样子，与吴祖光巧遇于老友杨宪益夫妇的"沙龙"。凡是到过杨宪益、戴乃迭家的朋友，几乎都知道杨、戴"沙龙"的主题与主体应该说是酒。缺酒，则那里的天地顿觉黯然；缺酒，那里的宾主就无从上下古今，海阔天空；缺酒，甚至连杨宪益脸上的线条都显得有些反常，戴乃迭的中国话也会显得格外生硬。因此，就出现了一条杨、戴"沙龙"里的不成文法：主人备肴，客人献酒。自然，这绝对不是说杨府缺少名酒佳酿，而是取"吃八方酒，会中外客"之意。

那天，祖光对宪益和我谈到他将应中国酒文化研究会之请，编辑一本以谈酒为主要内容的文集，要我们"各赐宏文"。有杨宪益这位"酒仙"老大哥在前，区区小酒徒如我者又怎能不亦步亦趋？但，当时我确实把祖光的约稿之言，当作了酒后之话，不几天就淡忘了。待我8月下旬自海滨归来，竟然发现吴祖光署名的约稿信赫然在目，并且引用了曹孟德一句千古名言，曰："何以解忧，唯有杜康。"而祖光写下的使我愧不敢当的几句话"夙仰足下文苑名家、酒坛巨将；文有过人之才，酒有兼人之量"，却一下子就打动了我，使我油然产生了"抒写与酒一脉深情"文章的兴致。

如果说世上存在着"酒缘"的话，我相信自己是自幼和酒有缘的。因为，我的父母生前也都是颇有酒德的"小酒徒"——意思是说，酒量不大，而一旦酒醉，也从来不发酒疯，从不借酒骂街或打人，往往是一睡了事，在睡乡中消解酒意。我生在大革命的时代，濡染了时代风气，奉"德谟克拉西"为圭臬，比我的先父多了一个毛病，那就是"酒后言多"，而言多则必失。于是，这才招来了50年代"高度加冕"的悲剧。且不谈世界观如何，只能说"酒害我也"。后来在漫长的27年当中，"如临深渊，如履薄冰"地活着，劳累、贫困、屈辱和数不清的危机感，使我不得不一度"禁酒"，以杜绝"祸从口出"的可能性。更何况，那时候食不果腹、衣难蔽体，更无一文多余的钱来沽酒。偶而到"酒仙"宪益大哥门前想讨几口酒喝，又怕我这个名牌"阶级敌人"累了老朋友，往往知难而退。

十年前，"四人帮"一伙随风而去，顶上的大山顿时搬去了一座。又过了三年，我的"两案"得到了平反，真的变成了"无冠一身轻"的人。渐渐地，托十一届三中全会之福，口袋里也有了几文沽酒的零钱。于是乎，小酒徒重登酒坛。这里，需要声明一句，我之所以自称"小酒徒"而不用"小酒人"的雅号，盖出于对鲁迅先生以及其师友的由衷尊重，别无它意也。

但，当我重回酒坛的时候，时代已经跨入80年代，宪益兄已向古稀之年迈进，而我本人也接近花甲了。每每举起酒杯，近40年酒坛兴衰尽涌眼底，我们在南京中央路福厚岗杨宅的草坪上，一面打桥牌，一面畅饮洋河大曲，以咸蛋、酱鸭佐酒的豪情历历如在昨日。但事实上是，我们中间的老友诗人、杂文家郑适和曲艺作家兼民间文艺家肖亦五二兄则均已作古多年了。而，郑适兄死于1966年暑假的往事，尤其使人感到蹊跷与不寒而栗。肖亦五兄也在历尽坎坷之后病逝。如果由酒仙杨宪益召集一次"沙龙忆旧座谈会"的话，一定可以引出一大串酒人、酒徒们的历史悲剧。

六年以前，我曾在香港《文汇报》发表过一篇《春意满京华，酒人小聚会》的记实文章，内容虽似无关宏旨，笔调亦近笑谑，可是据香江友人评价，小文一则却反映了当时大陆文坛一片初春风光，虽有料峭寒风而严冬尽矣，已成为人同此心的想法。那次我和老伴李璐，恭迎酒仙宪益夫妇，外邀黄永玉、梅溪兄嫂以及和我共同做东的酒人中之最年长者张友鸾，外加一位"今之刘伶"钟灵，在三里河的河南饭庄（今之贵州饭庄）三楼小饮，确实形成了一次无拘无束的"酒话会"。如今思之，就算在这屈指可数的几位酒友中间，也不能不使人产生一种沧海桑田的感叹。首先是张友鸾老大哥虽然健在，且仍嗜杯中之物；但是，此公三年前已因目疾几乎致盲，行动颇为不便。永玉夫妇则已成为国际名人。"鸟枪换炮"，同饮者多为名人贵人，大不同于以往矣。唯有宪益夫妇及钟灵老兄酒兴不减当年，尚无身份上的显著变化。遗憾的是半年多前，传来钟灵饮酒中风之不妙消息；访之，始知"谨遵医嘱"，只饮绍兴酒与 Beer 矣。我患脑血管供血病，亦开始节酒戒烟，故每到杨宪益沙龙，见乃迭已不胜其量，仅杨兄仍在孤军作战，坚守酒坛第一线，而区区亦难以如当年之亦步亦趋，不亦令人伤感乎？！

说到喝酒，我在七八岁时，曾偷饮家中所藏法制三星白兰地致醉，被家长训戒有加，后来一有机会就总想喝点洋酒。但如今虽说经常饮"人头马"或"康涅克"大不易，作为一名年过六秩的老文化人，弟子中亦时有以洋酒馈赠者，因而每逢节假口，客来之际，亦时以西洋佳酿解馋。实有"还老返童"之慨矣。

行文至此，讲了一大车"言不及义"之辞，亦堪称不严肃、不正经。为表本人对"酒文化"尚具一知半解之知识，特写几句"内行话"以自解——

少读希腊神话，既长也在大学课堂听过希腊、罗马文学的有关课程。虽对那位形象颇使人喜欢的酒神狄俄尼索斯顶礼膜拜，原因无他，崇敬其对文化起源所作之贡献耳。据典籍记载，狄俄尼索斯又名巴科司、巴萨柔斯，是希腊主宰植物和酒的重要神祇。说他重要，并非从官方或学院派观点出发，而是纯粹从民间角度考虑。古希腊行吟大诗人荷马不曾把狄俄尼索斯列为"大神"，据说希腊、罗马贵族也不大爱提这个"发现野葡萄汁发酵后可以造酒"的重要发明家。撇开那些荒诞不经的"在宙斯大神的大腿里成长""第二次出生"的神奇传说不去谈它，据记载，他从冥界救出了母亲（改称梯俄涅）后，在返回希腊的途中，他的业绩不在于娶了美女阿里阿德涅为妻，而是一路在厄里斯、叙利亚、亚细亚、印度等地向人们传授有关种植葡萄和酿酒之术，为后世千百万酒徒立下了大功。至今人们一提起这位众酒仙的前辈，总会马上联想起他那满头上爬的常春藤。而常春藤则象征着割不绝、斩不断的人类希望，象征着一种生命的活力。如此神祇，又怎能不使人倾倒，陶醉？

至于说中华之酒神，我倒真有点儿说不上来了。宁非教世人稼穑种粮的神农大神乎？记得模糊，就不献丑多说了。倒是对我一向欣赏的刘伶，存在一些较清晰的记忆。提起这位西晋沛国名士，也是著名文学家、思想家、音乐家阮籍、嵇康等被后人称为"竹林七贤"的一伙。刘伶字伯伦，相传以嗜酒成名。典籍上说他"蔑视礼法，崇尚老庄，纵酒放诞"。此公所著的名篇《酒德颂》，今日早已不能背诵，但似乎开头几句还依稀记得是"天生刘伶，以酒为名，妇人之言，慎不可听"。所谓妇人者，刘伶之妻也。刘的夫人怕他会醉死沟壑，因而一再规劝其戒酒；但，他都视如耳旁风。传说中刘伶大师（奉其为"酒坛大师"当无争议）有一个"绝活"，那就是他每每载酒出游，到处放饮无度，而令其书童捐一把铁锹紧紧跟随，目的是他老人家有朝一日醉死在林间山野，就由其书童把他的遗体刨坑葬下，以结束其酒坛生涯。这种潇洒盖世的行径，真是既能羡死又能愧煞今之酒徒。

　　酒仙杨宪益兄无疑是佩服前辈刘伶大师的；但，他却既无书童担酒捐锹相随，也没法得到随地而长眠的特许。他只告诉我，他极愿效仿英国著名首相温斯顿·邱吉尔之先例——一手执威士忌酒杯，一手拿哈瓦纳雪茄烟，平静地死在安乐椅上。斯时也，壁炉之火正红，身旁爱犬酣睡……这意境，实在很美。但，我衷心祝愿我的酒仙老大哥老而能饮、健康长寿！

一九八七年十月六日于京郊花园村

酒呵！酒！

端木蕻良

宋代酒家把美酒叫做"天露"。

　　酒，多少诗人都歌颂过你，多少英雄都崇拜过你，多少好汉在和你角斗时，都倾倒在你的面前……

　　酒呵，你这神奇的饮料，是谁创造的？是谁使你出现在人间？

　　酒，我认为是仪狄造的，但是，长久以来，世上最流行的说法，却是派在了杜康名下。

　　杜康，也就是少康，是禹的后代。仪狄当然要比他早得多，据《战国策》中说，她是禹同时代人。禹吃了她作的酒醪，觉得很美，却反而因此疏远了她。

　　其实，仪狄应是母系社会时代的人物。时间可以作证，母系社会中拥有"家"的主权的，是母亲。生活资料以及生产都由母亲掌管，连必需的陶器也由妇女制作。汉字中，凡是与酒有关的字，都离不开"酉"字，"酉"字是象形字，也就是酒罐的画像。从字义上说，则作"就"解，也就是成就的意思。可见这个"酉"字，是有很大分量的。仪狄酿出美酒，盛在容器里储存起来，给生活加添了甜蜜，这是了不起的成就。

禹是把母系社会转变为父系社会的关键人物，因仪狄造酒的成就，使他疏远仪狄。仪狄所酿造出来的仙露蜜汁，禹尝在口里，想在心里，越品越觉得味道醇美，越觉得醇美，越是坐卧不安，他想到后世必有以酒亡国者，所以便对仪狄疏远起来。仪狄这位有能力的母系社会的伟大人物，在母系社会转换成父系社会的节骨眼儿上，与禹的关系出现了矛盾，也就必然导致禹对她的疏远。我国历史的世系，父传子，是从禹这儿开始的。禹娶的是涂山氏的女儿，禹和仪狄的关系到底怎样，文献上没有记载。在母系社会，只知有母，不知有父。仪狄也好，涂山氏也好，她们的丈夫应是多数的，都不能传下名字来。而涂山氏的女儿却是由于母系社会已经转入父系社会，因禹传下名来的。她的名字译成现代语，就是涂山氏族社会的一个女子。关于仪狄造酒，我认为是父系社会取代母系社会的一幕意味深长的诗剧。

待到商代，酒的魔力大大泛溢起来，据说纣曾安排了"酒池肉林"，这也成为他失去天下的一条导火线。少康是夏代中兴时的王。这时，农业有了发展，因而造酒更加活跃，所以，酒和少康也就有了关联，少康也就是后世的杜康，人们抬出他来作为造酒的先驱，而早于他造酒的仪狄反而埋没不彰了。

古希腊的酒神，在神的威力方面，可以说谈不上什么，但酒神却成为艺术之神，在艺术发展方面，起了无可估量的作用。在那遥远的时光里，我国把酒神就人格化了，这就是杜康。杜康成了酒的代词，河南的名酒，就是以他来命名的。曹操最为流行的诗句"何以解忧，唯有杜康"，最能说明这一点。杜康成了解忧的神祇，成了诗画灵感的源泉。天子赐酒，美人劝酒，陶潜菊酒，十朋祭酒，佩刀质酒，烈士骂酒，汪伦送酒，李白抱酒……和酒有关的故事，也都将流传千古，成为艺术的泉源。

虽然中国没有出现《鲁拜集》那样专门歌颂醇酒妇人的文艺作品，但是，李白、曹雪芹都以饮酒闻名，杜甫的《饮中八仙歌》，使酒扩散出仙人的气息来。在人们心目中，李白的好诗，曹雪芹的妙文，陶渊明的人格，都是用酒这神奇的仙露浇灌出来的。

今年夏季，我到避暑山庄参加纳兰性德研究年会时，不论在什么地方就餐，席间都能遇到当地名酒"九龙醉"。我虽不能饮白酒，但我闻此名酒就醉了。我用来代之而干杯的，却也是这个酒厂出产的沙棘酒。这种沙棘酒虽在电视上见过，可亲自品尝还是头一回。知道生产这两种酒的酒厂就在丰宁，不能不使我想起了1932年，我曾在丰宁、大阁一带参加过抗日活动。远在1936年发表在《文学》上的短篇小说《遥远的风沙》，就是以这一带为背景的。因此，在我们回北京时，便顺路到那里去了。丰宁现划在承德行政区内，它的文化积淀和历史面貌，是和承德分不开的，也是和避暑山庄分不开的。它在金代就是重镇。大阁的命名，就是因为金太祖阿骨打在这儿建立过一些宫室而得名。不过1931年前后，丰宁却成了一个只有"土膏店"的小城，而现在，它已有了相当规模的楼房和街市了。要不是陪同我们的同志指点，我是什么也认不出了。

我们重点参观了丰宁酒厂，知道"九龙醉"是因九龙山而得名，而沙棘酒则是利用当地野生植物沙棘为原料酿制而成的。由于水质好，酿造技术考究，早已受到各界的欢迎。在这一万多职工的酒厂中，设置了一个精致的化验室，一位大学毕业的满族姑娘任这个厂的技术厂长。当前，他们并不以目前的成就为满足，正在研究将有多种维生素的桦树叶制成一种新型饮料。

过去，兴安岭的猎人进山，没有水喝的时候，便用刀在桦树皮上砍个口子，桦树汁便可涔涔流出。猎人把嘴凑到口子上，桦树汁便可流进猎人的嘴里，不但能解渴，也为他增添了精力。

我在丰宁的时间很短，没有足够的时间来知道更多的情况，但我的收获却是无法衡量的。丰宁人首先研制把桦树叶作为最佳饮料，使我震动，能想出这个主意的人，无疑是位天才，因为这就是把山林女神的蜜汁化为人间甘露的惊人杰作。

在承德、在丰宁，人们不止停留在计议上，而是为这美妙的工作开了一个很好的头，就在那间不大的实验室里，他们已经走出了第一步。

原来，丰宁山区有大片桦树林，可供他们提取，可惜我没有时间亲自看到他们提取桦液，但这种工艺，我在电视里是看到过的。我问他们，经常提取桦液，对桦树生长是否有不好的影响？他们回答，只要取得适当，不但不会有影响，还会取之不尽用之不竭呢。

丰宁人有足够的信心，要在世界饮料王国中，提供出一种琼浆玉液，那就是"桦液沙棘汁"，是用桦液和沙棘汁直接发酵制成的，也就是一种不含酒精的酒。宋代酒家把美酒叫做"天露"，并常常把这个好词儿写在店门上作为招徕。我想，把这"天露"的题名转让给"桦液沙棘汁"，是再合适不过了，因为它是地道的天然饮料，是植物直接为我们提供的，即使不加工，也可以饮用的。丰宁人把桦树液和沙棘汁巧妙地结合起来，使它成为饮料世界中一名新的成员，丰富了世界饮料。

我早就盼望的不含酒精的酒，已经出现了！

总之，新的酒已经出现，酒本来就是花的蜜汁，百花争妍也就是她的本性。老一辈的人，不总是说开坛十里香，闻香下马，酒不醉人人自醉吗？那么，把"酒"换成"花"字，不是一样可行吗？……也许，我已经醉了……

酒呵！酒！在世界开始时，你是迷人的；在永恒的世界里，你也永远是迷人的……

一九八七年十一月

北京西坝河

坛外说酒

公刘

> 下八元的血本，收购一只空茅台瓶，也
> 算得 20 世纪 80 年代中国酒文化生活中的
> 一个有趣细节吧。

祖光兄受中国酒文化协会的委托，主编一本"关于酒的文集"，约稿信竟递到了我的手上，实在不胜惶恐之至。文学界的朋友们大抵都风闻过，我是一个不会喝酒偏要吟诗的冒牌诗人，虽说如今已属耳顺之年，记得清楚的所谓豪饮，一辈子才不过两次，一次是 1957 年被强行"加冕"之日，心中苦闷，曾经默默地自斟自饮过满满一大盅；另一次是 1979 年，在云南前线某军军部，向风尘千里将庆功酒送上火线的黄南翼烈士的父母敬了一小杯，但这也似乎说不上什么欢乐。至于其他婚嫁喜庆、出国宴会等场合，一应都是仅仅抿上一口，意思意思而已。以上说的，自然都是指的酒中正宗；这些年来我逐渐表现英勇的葡萄酒，猕猴桃酒，乃至据说根本不配称作酒的啤酒，是只能笑掉酒杯豪杰们的大牙的。

提起喝白酒只有两次的光荣历史，连带又回忆起酒入诗文的历史来。巧得很，也只有两次：一次是上边说过的，由于亲眼目睹黄南翼牺牲后，他的白发双亲为了实践独生子生前的心愿，从四川携带两大箱泸州大曲赶赴中越边境慰问部队的感人事迹，写了一篇《酒的怀念》，此文后被收入《中国新文艺大系》散文卷。另一篇是诗。题名《我喝到了当天生产的啤酒》，定稿日期虽是 1984年 6 月 11 日，地点在烟台，内容却记的是三天之前参观青岛啤酒厂的难忘印象。

大家看，寥寥数语，便概括了我与酒的全部因缘，何其寒碜！

不过，也许正因为自己不省个中三昧，反倒带着钦慕的眼光，留心起青史留名的饮者们的趣闻轶事与豪言悲歌来。

我请教过不少博闻强记而又度过壶中日月的前辈和同学：世上第一个酿酒的人究竟是谁？他们告诉我：中国的答案是："古者，仪狄作酒醪，禹尝之而美，遂疏仪狄，杜康作秫酒。"（《说文》）西方的答案是，希腊神话人物狄俄尼索斯，即罗马神话人物巴克科斯，是用葡萄酿酒的首创者。他们进而指出，要我不可忽略了，这原料选择方面的文章，中国用的是粮食，西方用的是果品。这说明，酒里面也有中西文化之比较，而且是打老祖宗那儿就开始存在着区别的。

　　我却是一个专爱"打破砂锅纹（问）到底"的书呆子，于是，我又追问：仪狄是夏王朝初朝的人，而杜康是夏的第六代国王，开国之君大禹再神通，怎么可能命令那来不及见面的玄玄孙主持酒政？这一问，对方答不上来了。"反正是杜康！曹操也是这么说的！"

　　没错，自从曹操的名句一出，酒的发明权便在国家专利局登记落实了。

　　"何以解忧？唯有杜康。"

　　姑妄听之。

然而，我又感到从包涵这两个诗句的《短歌行》中，通篇分明都散发着一阵阵沉重的悲凉意味，乃不由自主地转而怀疑，这杜康到底能不能解忧了。

　　众所周知，李白是颇有传奇色彩的善饮者，别人描写他："天子呼来不上船，自称臣是酒中仙。"我以为，这只能作为参考请您来读，我们还是应该尊重他本人的自由，"但愿长醉不复醒"。仔细想想，别人的感慨和本人的感慨的确是不一样的。为什么不愿复醒？"古来圣贤皆寂寞"，一旦醒来，就立刻有多少糟心的事儿无法排遣！问题在于，毕竟无法长醉，即便是像阮籍那样猛灌，尽管造成了一连几个月糊里糊涂的不良社会效果，终归还得醒来，面对现实，无可奈何写他的发牢骚说梦话的咏怀诗去。正是因为李白切实了解这一点，才有"但愿"一说。但愿长醉而不能长醉，不愿复醒而只好复醒，自古至今，一切买醉消愁者的最大遗憾莫过于斯。何况，酒价竞涨，买酒是要钱的，有那么多钱么？

　　说来，毛病还是出在一个"忧"字上。知识分子（阮籍、李白等等，无疑都是那个时代的知识分子）喜欢自作多情，自诩忧国忧民，殊不知在司马氏和李氏眼中，你压根儿就没有"忧"的资格！什么忧国忧民，扰国扰民罢了，当然属于妨碍安定团结的言行，合当取缔。

记得"文革"期间，我第二次被罚劳动改造，在晋北的一个高寒山区种了五年地。1973年才通知我去县文化馆"打杂"，真够杂的了，从改稿，编演唱材料，下乡辅导群众文化活动，到接电话，掏炉渣，扫院子，看大门……眼看着"四人帮"倒行逆施，我又贱性不改，忧从中来，便在那由茅厕填平而后改为寝室的房门口，栽了几株金针——黄花菜——口头上说我不过想尝尝鲜，改善一下生活，其实，心里别有寄托，古人有言："萱草可以忘忧"嘛。

其结果可想而知，"忧"并不曾真的被"忘"掉。

这些年，倒自觉略有长进，想开了，也悟透了，遇事能超脱一些了。当怪事扑面而来的时候，渐渐能做到见怪不怪了。举例言之，有一段时间，我所在的大院里，多有收购酒瓶子的人出入，他们真正服务到家，每每拍门询问："有茅台瓷瓶没有？"茅台瓷瓶，倘若商标完好，居然可以卖八元一只。起初，着实吃了一惊，后来，假酒案发，也便释然，苦笑了之。下八元的血本，收购一只空茅台瓶，也算得 20 世纪 80 年代中国酒文化生活中的一个有趣细节吧，是不能不记上一笔的。

按照中国古代传下来的舆象图，天上是有一颗酒星的。唯愿我下辈子活在酒星上，不当这乌七八糟的地球草民，那时再写这类文字，就肯定有酒气了。

1987 年 12 月 1 日—3 日，时报载：寒流已过，将逐渐回暖。但事实上依旧冷得邪乎。合肥

丁卯话酒

于浩成

> 真正嗜好饮酒的人,追求的是酒的本身,
> 而非菜之好坏。

记得在我很小的时候,我祖父恒喜公总是在吃饭以前喝几盅,喝的大概是白干之类。酒菜也很简单,并不丰盛,只有花椒盐水煮毛豆(一名青豆)或豆腐干一小碟。毛豆是带荚放在碟里,吃的时候连荚咬,然后再把豆荚吐出来。祖父经常喝得很慢,一小口一小口地慢慢吸吮(北京话叫一口一口地抿),不时停下来咬嚼一两个毛豆。喝酒的时间通常要在半个小时以上,这应该是他每天最好的休息和享乐了。记得有好几次我正好在他自斟自饮时由母亲带到他那间堂屋里(夏天则是在夕阳西下以后在院中摆个小桌),如果碰上他高兴,有时把

我叫到他跟前，用筷子在酒杯里蘸一蘸，让我张开嘴吐出舌头，用筷子尖把酒滴在我的小舌头上，每当我喊"好辣呀"马上跑开时，祖父总是大笑一阵。这种戏谑完全是一种慈爱的表示。使我想到陶渊明诗中所说"春秫作美酒，酒熟吾自斟。弱子戏我侧，学语未成音。此事真复乐，聊用忘华簪"。现在，我已经年逾花甲，垂垂老矣，我喝酒时也曾经如此取乐，让孙子小玄和孙女小雨尝尝酒的滋味。我想，我国从久远年代起饮酒作为文化的一个组成部分能够一代一代地传下来，随着华夏文化的发展，酒文化也愈益发展昌盛起来。这绝非偶然的。酒与政策、文化特别文学艺术等之间的关系，看来都是值得研究的大好题目，可以写出不少专著和妙文来的。还想到，酒文化尤其是比较文化中的重要题目。即以刚才提到我祖父一小口一小口地喝酒这一点来说，不但我多年来一直保持这一习惯，据我观察，大多数我国同胞喝白酒时也都是这样一种喝法，与高鼻梁蓝眼睛的外国人总是在酒吧间柜台前端起酒杯一饮而尽的喝法截然不同的。我至今不大习惯而且十分反对宴会席上的"干杯"，即碰杯后一口气喝下去的做法。特别是强迫别人喝酒，逼着不会喝酒的人直着脖子把"烧刀子"灌下去，这简直是对人的折磨，变乐事为苦事，实在是野蛮而非文明了。记得契诃夫在《萨哈林游记》讲到，他去我国东北一个小酒馆中看到中国人喝酒的情况。他说："他们一口一口地喝，每一次都端起酒杯，向同桌邻座的人说一声'请'，然后喝下去，真是怪有礼的民族。"再有，像日本的"清酒"，酒同我国的绍兴黄酒性质相近，也是温热了以后再喝。这同日本文化在很大程度上是来源于中国文化这一点分不开的。这些，难道不是比较文化中的极好资料吗？

我长大以后怎样喝起酒来，我自己也记不大清楚了。据说我父亲鲁安公酒量很大，十分豪饮，但我对他喝酒的印象不深，因为他中年一直当教师，经常住学校宿舍。他能豪饮的名声大概来自有人请客、同事们聚餐时的表现。后来他开始学佛，一下子把烟酒都戒断了。这也是他令我钦佩的一件事。因为有些人戒烟断酒那样的困难，他下定决心后能够立即断住，可见他意志、毅力之坚强了。

他晚年同我在一起的日子里，我从来没有看到他吸过一支烟或喝过一杯酒。因此在我的记忆中，从来没有他喝酒的印象。有人说，酒量大小与祖上遗传有关。据我看，这种说法不一定确实，因为我自己的酒量并不大，充其量不过一顿饭能喝小四两（十六两为一斤）即大两二两半（十两为一斤）而已，而我的哥哥董易则酒量比我大一些，由此可见酒量大小来自先天遗传（体质）的成分应该说小于后天锻炼的成分。但有一点恐怕是可以肯定为客观规律之一的，即：人的酒量大小一般同年龄大小成反比例，也就是说，随着年龄的增长，一个人的酒量会逐渐减少，这可能与人体的承受能力有关，也是无可奈何的事情。喝酒是否对身体有益？这一直是人们争论不休的问题。医生几次劝我止酒，说喝酒对高血压和冠心病是致命的毒药，但我一直下不了完全戒酒的决心。在老伴的劝说和监督下，半自觉地采用了妥协方案，即少饮，绝不过量。酗酒有害无益，戕残身体，应该加以禁止，这是毫无疑义的。但一滴不进，连人生中这一点少有的乐趣也被剥夺，岂不是太同自己过不去了吗？因此，当我在"文化大革命"中被关进秦城监狱以致被迫断烟戒酒三年多终于出狱以后，我老伴同我谈判，让我在烟酒之间任选一种（因为在我入狱以后，家中收入锐减，衣物书籍大部变卖，而我在出狱以后被勒令去"五七干校"劳动，每月只发30元生活费），我毫不犹豫地选择了酒。根据这几年医学界对吸烟之害的论述，我认为确实做出了正确的选择，至今毫无悔意，奉行惟谨。

有人说喜欢饮酒的人是由于嘴馋。当然嘴馋并非坏事，然而把馋鬼的头衔加在好酒贪杯的人身上却有失公允，因为不喝酒的人也未必不馋嘴。如有上好的酒菜佐饮，自然是求之不得的。但像我这样真正嗜好饮酒的人，追求的是酒的本身，而非菜之好坏。我喝酒时对酒菜的要求并不高，一碟五香花生米或豆腐干（但须略有咸味者，最好的是苏州卤制豆腐干，现在北京各副食店卖的往往淡而无味，确实不敢恭维），同样也能喝得津津有味，大过其瘾。喝酒的人往往喜爱耐嚼有味的食品作为佐酒菜肴，例如鸡脚、鸡头、鸭胗肝、鸭翅膀、牛蹄筋、猪蹄、猪耳朵脆骨、肉冻、醺鱼、素什锦、炸龙虾之类杂七杂八的东西，用来下酒比大鱼大肉、山珍海味更受欢迎。

上面说到酒足以代表一个民族的文化，我们中国人平常喝的当然一般都是中国酒，即白酒、黄酒、葡萄酒和各类果酒。至于洋酒，我只喝过烟台张裕酒厂出产的"金奖白兰地"和"威士忌"。偶而喝过法国产的、瓶子上有拿破仑头像的白兰地。这些酒夏天放上冰块，喝来倒也别有风味，但我不是特别喜欢。有一种本国出产的"外国酒"，即北京阜成门外天主堂产的"金酒"，即杜松子酒，有一股特殊的香味，不知为什么这几年却在市场上绝迹了。我特意寻找了几次，都没有买到。据说是早已停产，这是十分可惜的事。各类果酒，我是很少喝的，除非在别人家做客时，主人备的是果酒，自然不好拒绝。葡萄酒倒是常喝，过去我那老伴是滴酒不进的，近几年在我的一再劝诱下也能喝一杯半杯葡萄酒了。但我总觉得我国出产的红、白葡萄酒，缺点都是加糖料过多，以致像喝甜水一般，实在没多大意思。前几年我才懂得喝干白或干红葡萄酒，即不加糖的原汁葡萄酒，酸酸的，既可诱发食欲，又能帮助消化。记得 1984 年《啄木鸟》

去烟台举行笔会期间，我曾与古华同志大喝其"雷司令"，至今记忆犹新。但今年为参加《中国法律思想通史》编委会再去烟台时，喝的却是"李将军"了。黄酒，我也是很喜欢的。由于它度数低，性质比较温和，没有白酒那么刚烈，喝起来比白酒据说对人的身体更为有益。黄酒以绍兴生产的为最佳，绍兴酒几乎成了黄酒的代名词。它有香雪、加饭、善酿等品种，还有远年陈绍或称花雕，其酒味更为醇厚。江浙一带从古时起有一习俗，家中生了女孩以后，即将一坛（因坛外往往雕刻花纹，故亦称花雕）黄酒埋入土中，待儿长大出嫁时从土里刨出来，在婚礼宴席上待客。由于"酒要陈、茶要新"，所以远年陈绍是十分难得的好酒，可惜我只听人说过，但从未尝到过。黄酒，一般以温热了再喝为好，记得我有一对很好的热酒的"温器"，酒杯用极薄的白瓷制成，放在温器中传热很快，可惜在"文化大革命"初期作为"四旧"被摔碎了。后来我一直很少喝黄酒。今年有一次同几个友人在"咸亨酒店"吃饭，再一次喝到用锡壶装的烫得极热的黄酒，喝起来确实是一种适意的享受，难怪曹雪芹说过，"只要给我吃烤鸭，喝黄酒，我就给你们写《红楼梦》！"喝啤酒是近几年才养成的嗜好。特别在夏天，饭前喝一两杯冰镇啤酒已经不可缺少。严格说来，啤酒其实不能算酒，因它的酒的成分很少，只能说是一种饮料。可惜这个见解，我老伴一直不同意。更可惜的是，近一两年来玻璃瓶装的青岛啤酒和北京啤酒（包括五星啤在内）很难买到，而其他各地产的杂牌啤酒，质量稍差，有的味道不那么纯正。据说这种现象的造成与官方控制定价有关，但愿这一情况能够尽快得到改进。

我平常喝的主要还是白酒，一称白干或烧酒。据说酒的好坏同水质有关，我认为似以贵州、四川一带的酒质量最好。除世界闻名的茅台外，五粮液和泸州大曲是我最爱好的，而董酒、鸭溪窑酒、平坝大曲、全兴大曲等也都是名牌好酒。安徽的古井贡酒和湖南长沙的白沙液，前几年市上还常有，最近除高级宾馆外，已经很难买到。历史悠久的陕西西凤、山西汾酒、辽宁锦州的凌川白酒和河北衡水的"老白干"，可能同南方产酒的酒曲或水质不同，喝起来同泸州大曲、董酒的味道不大一样，但我同样十分喜爱。除了上面所说的这些被选入"八大名酒"之列的名牌以外，实际上有些地方上的名酒也是上好佳品，颇有特色的，如山西浑源产的"浑酒"，湖南湘西土家族自治州产的"湘泉"以及甘肃武威产的"凉州大曲"，喝起来甘洌清香，至今让人怀念不已。可惜在外地很难买到。至于被称为药酒的五加皮、竹叶青、莲花白之类，偶一喝之，也别有风味。我还有用普通白酒（一般用北京二锅头或天津的直沽烧酒）自行泡制的人参酒、枸杞酒等，据说冬天喝起来有延年益寿之效，但我却只是为喝酒而喝酒，很少考虑到它们有什么功效。

翻看我国的古典文学作品，历代文人几乎都与酒结下不解之缘。陶渊明诗中几乎是篇篇有酒。如"试酌百情远，重觞忽忘天"等说饮酒之乐，都说得恰到好处。他在那篇题为"饮酒"的组诗小序中坦白承认："余闲居寡欢，兼比夜已长，偶有名酒，无夕不饮。"但是，如果把陶渊明仅仅看成一个忘情社会的、飘洒闲散的田园诗人，或隐逸诗人，那就未免是皮相之谈了。鲁迅先生早就指出过这一点。陶诗中说："酒能祛百虑，菊为制颓龄。如何蓬庐士，空视时运倾。"他绝对没有陶醉于酒乡而忘情政治和社会。他为了自己"有志不获骋"而"念此怀悲凄，终晓不能静"。清朝的龚自珍对陶的心事是很了解的。他在诗中写过："陶潜诗喜说荆轲，想见停云发浩歌。吟到恩仇心事涌，江湖侠骨恐无多。""陶潜酷似卧龙豪，万古浔阳松菊高。莫信诗人竟平淡，二分梁甫一分骚。"在陶渊明以前的阮籍，其旷达也是表面上的，实则其内心非常痛苦。我疑心他听说步兵衙中酒酿得好，于是请求去当步兵校尉，恐怕也是避祸远害的一种政治姿态。只有竹林七贤中的刘伶，可以说是为喝酒而喝酒的醉鬼。他经常带一把铁锹，说什么"死便埋我"！他还以戒酒为名骗得老婆的钱财，然后大吃大喝，完全一副无赖形象，实在缺乏酒德，不足为训。唐代的两位大诗人李白和杜甫都喜欢喝酒，诗中谈酒的部分占了不小篇幅。杜甫的《饮中八仙歌》，把李白的醉态写得十分生动："李白斗酒诗百篇，长安市上酒家眠。天子呼来不上船，自称臣是酒中仙。"杜甫自己在酒后虽没有李白那么狂，但也说过"古来圣贤皆寂寞，唯有饮者留其名"，这当然是愤疾之词了。苏东坡的诗词中谈到酒的地方也很不少。"夜饮东坡醒复醉，归来仿佛三更。……敲门都不应，倚杖听江声！"写得就很有意思。他在这首词中发出了"常恨此身非我有，何时忘却营营？"的感叹，说出了从古到今多少知识分子的心声！据说由于他在词的末尾写了"小舟从此逝，江海寄余生"，使得当时的太守大惊，以为朝廷交他管制的这位特殊犯人逃脱了，还专门派人到他家查看，见到苏轼正在蒙头大睡才放了心。这使我想到"文化大革命"中被流放在湖北沙洋，"黑帮"们偷着聚饮时的欢乐情景。但当时的情怀同陈与义在他那首"临江仙"一词中所说的"忆昔午桥桥上饮，座中多是豪英。长沟流月去无声，杏花疏影里，吹笛到天明"这样一种名士气派又是截然不同的。但一个人喝闷酒确实是没大意思的。"借酒浇愁愁更愁，抽刀断水水长流。"李白有过"花间一壶酒，独酌无相亲。举杯邀明月，对影成三人"的诗句，可见其寂寞心情。鲁迅写的《在酒楼上》，也表现了一个知识分子落寞、寂寥的情绪。有趣的是，"绿蚁新醅酒，红泥小火炉；晚来天欲雪，能饮一杯无？"喝酒的人总喜欢找个酒友，但必须是说得来的，所谓"酒逢知己千杯少，话不投机半句多"。在一起饮酒确实能增进彼此的了解和友情，人们常说"喝酒喝厚了，耍钱（即赌情）耍薄了"。说到喝酒，一个人总要想到自己的酒友，这是十分自然的。《世说新语》有一段说王戎，"从黄公酒垆下过，顾与同游曰：'吾昔与嵇叔夜、阮嗣宗共酣饮此垆，自嵇生夭、阮公亡以来，便为时所羁绁，今日视此虽近，邈若山河。'"虽王戎后来当了大官，这里反映出的怀旧心情却十分真切诚挚。后来南朝的颜延之写《五君咏》，赞诵竹林七贤中的五人，却把他和山涛这两个由隐逸变成高官的排除在外了。总之，从古人诗词作品以及个人自身生活经历中都可以得出这样的结论：酒确有消忧解愁、助兴增情之功效，如果世上没有酒，我们的生活将是何等的寂寞！"无花无酒过清明，兴味萧然似野僧"，多么枯寂！"艰难苦恨繁霜鬓，潦倒新停浊酒杯"，何等痛苦！特别是酒对于文学艺术家说来，可以说是重要的催化剂，如果缺少了酒，我们将失去多少名篇佳作！当然，世上一切好事，都有一个"量"或"度"的问题。我反对酗酒，反对毫无节制地狂喝滥饮。李白诗中所谓"百年三万六千日，一日须倾三百杯"，只不过是诗人夸大之词，不能当真的。

写到这里，我这篇酒话大概也应该结束了。不难看出，这篇文章也是酒后写出来的，拉拉杂杂，语无伦次，只好借用陶渊明的一句诗"但恨多谬误，君当恕醉人"，就此打住吧。

一九八七年十一月三十日寄于河南郑州，

畅饮"杜康"之后。

酉日说酒

李凖

> 家里不管再穷，请客喝酒劝酒却是非常殷勤诚恳。

　　酒到底是谁创造的？其说不一：一说是大禹时候仪狄创造的，但更多的说法是周人杜康创造的。杜康是河南人，河南关于杜康的传说也就多一些。据说杜康是个奴隶，平日行乞，把行乞来的馍块，吃不完暂储于树林的大树洞中，后来天下了雨，那些碎馍块被淋湿又发了酵，便产生了酒。现在河南有些农村还有个老风俗，就是"酉日不用酒"，据说杜康死在酉日，为纪念杜康，凡酉日均罢酒不饮。

　　这个传说当然是有几分荒诞了，但酒的产生过程，却也颇尽情理。酒是不是杜康所发明且不管它，但中国造酒的历史，确是很早的了。从五千年前的陶器来看，酒器已有很多种类，《诗经》就有"既醉以酒，既饱以德"。"周礼"也有"昔酒"的多处记载。再从象形文字来看，"酉"字很像一个酒坛子。所以说，中国有酒，最少说也是有文字以前的事情了。到了殷代，有"酒池肉林"的记载，做酒已经是很发达的行业了。

我的故乡豫西也产酒。旧社会最流行的酒是"宝丰酒"，是用高粱烧成的60度白酒。这宝丰酒也有千把年历史了。最繁荣的时期大约是在北宋。当时国都在开封，东京繁华，酒楼林立，酒的销量相当大。可是开封水质较差，烧酒的作坊大多在豫西。因此，当时的宝丰一带有"千村立灶，万家飘香"的记载，每天往东京运酒的小车，数十里"络绎于道"。

当时还没有杜康酒，杜康酒兴起是近20年的事情。是日本前首相田中角荣有一次在北京宴会上提及"杜康酒"，后来便风行起来。现在较大的杜康酒厂就有两家：一是"汝阳杜康"，一是"伊川杜康"。这两种杜康我都尝过，质量还算上乘。

我这一生，也算与酒有"缘"。首先我父亲就是"豪饮"者。他可以喝一斤白酒不醉，拳也划得好。他在镇上开了个南货店，兼卖酒醋，所以从宝丰县来的贩酒农民，经常落脚在我们家中。这些酒贩大多推一辆木轮红车。红车是槐木做的大独木轮。车上两边装两大篓酒，每篓一百二三十斤。这种篓子是用荆条编成，里边糊以桐油纸，车攀是用黄麻编成，很长，车把手下边还留着一尺来长的绦穗子，所以这种酒车推起来，再加上吱吱哇哇的叫声，给人感觉有几分豪爽的味道。

父亲一生卖酒，对品酒很内行。一盅白酒，他只消放在唇边略呷一口，就能说出这酒是六成、五成或五成半，分毫不差。有时他先尝一尝，再用个小酒杯把酒点燃，结果往往与所推测相符合。

父亲卖酒自然有好多老主顾，我记得每天要到父亲店中喝酒的是南街蔡老三。蔡老三在镇上开了个剃头铺。他好像是外乡人，娶过一个老婆，后来被人家拐跑了，他也不去找，每天只是喝酒。

蔡老三每天喝酒，每次只喝二两，也不要什么菜，就那么干喝。在喝酒以前总是先用无名指在酒杯蘸一下弹在地上，以表示对鬼神的尊敬。蔡老三能讲很多故事，大多是讲冯玉祥的，有冯玉祥练兵、冯玉祥扒庙等等。蔡老三不识字，一辈子不和文字打交道，但在腊月二十七这天，却总要拿来一张梅红对联纸，要我写一副对联。那对联的内容是他背熟的："进门来乌头学士，出门去白面书生"。每年老是这一副对联，内容从不更换。

1949年前的小理发店，最讲究的是"刮脸"。因为当时农民大多剃光头，不光头剃得锃亮，脸还要刮得雪白。蔡老三不大会用推剪和剪刀，但一把剃刀却用得极为娴熟，一刀剃下去，最少有三寸长，那种快感是很特别的，连剃时的声音也清脆悦耳。

蔡老三不但会剃头，还会"掐火"。"掐火"就是按摩一类技术。是理发的最后一道工序。所以当街上人听到蔡老三有节奏的拍起顾客肩膀时，就知道他这一个活又做完了。

豫西的酒风没有豫东酒风厉害，这是我在"文化大革命"中下放到农村时体验到的。

我下放的那个县是西华县，是黄泛区。这一带是大平原，历史上黄河经常泛滥的地方。因此，民性豪爽粗犷，再加上豫东产高粱，酒坊也多，所以饮酒之风甚盛。那里有首民谣："收了麦，淹了秋，好面馍卷鲤巴藕。"意思是说即使黄河把秋庄稼全淹了，也还要吃烙饼，卷小鱼吃。豫东人穿的很破烂，住房都是茅草房子极不讲究，但在吃喝的方面，却极不俭省。喝酒是很平常的事，过年时候，农民们每家都要用粮食换几十斤酒。

我到西华县当农民的时候，正值农村生产已接近破产的边缘，农民每年平均的口粮，大约是二百多斤红薯干，七十斤小麦，还有十斤左右豆类杂粮。但即使在这样穷困情况下，酒风仍然盛行。粮食酒是没得喝了，因为没有粮食了。但红薯干酒，家家户户却要换十斤八斤。到了冬春月，谁家修房缮房顶时，都要摆酒场。菜是很简单的，炒四盆粉条豆腐和萝卜之类蔬菜，酒却备得很充足。

中国人有个习惯，家里不管再穷，请客喝酒劝酒却是非常殷勤诚恳。有时诚恳得非让你一醉方休。我刚到西华农村时，不熟悉这里风俗。第一次给一家农民修房

shuhuashuo chatushuo minshenghuo
277
minshuhuo liangshuhuo zhishuhuo

子当小工，上梁那天就喝醉了。开初，我自以为还能喝几杯白酒，不大拘束。谁知道猜拳、行令，什么"大葫芦、小葫芦""说七""猜心事宝"一大串儿的粗俗酒令，弄得我眼花缭乱。那里农民劝酒也厉害，有时跪在地上，头上顶着一杯酒，使你非喝不可。

从那次以后，我算领教了豫东农村闹酒风之盛。后来，在农村过了两个春节，更是开了眼界。一进入腊月，到处是酒摊子，村前村后都响起猜拳行令之声。村路上经常看到倒在地上的醉汉。人喝醉了把酒、食物吐在地上，狗吃了狗也醉了，所以还经常在街上看到蹒跚而行的醉狗，这在别处，是很少见到的。

豫东这种酒风，恐怕算是不正之风了，比之古代"家家扶得醉人归"更甚，因为全家都醉倒了。据周口一带来京的同志说：现在好多了，没有那么多人酗酒了，原因是一来人都忙了，忙着做买卖，搞副业，二来酒的烧坊也少了，因为红薯干价钱和粮食一样贵，没有人用它烧酒了。

除了以上原因之外，我想还有另外一个原因，人的心情变了。在"文化大革命"的年月里，不管农民、干部，都"噤若寒蝉"，一肚子话不敢说，连大声咳嗽一声也不敢，所以只好"借酒浇愁"，用猜拳行令声来发泄郁闷的感情，可倒真是"何以解忧，唯有杜康"了。

自古以来，诗和酒总是很接近的。"李白斗酒诗百篇"，苏轼醉草"水调歌头"，那些名篇绝唱，大多和酒有关系。从某种意义来说，酒是打开人们天性的钥匙，人们在半醉之中，往往流露出一个无拘无束的灵魂。

李白的《金陵酒肆留别》写道："风吹柳花满店香，吴姬压酒劝客尝。金陵子弟来相送，欲行不行各尽觞……"有美酒，有漂亮的"吴姬'，本来要走却不走了！多么坦白，多么直爽，使读者看到这位大诗人的心房跳动。

"明月几时有，把酒问青天。……不应有恨，何事长向别时圆？人有悲欢离合，月有阴晴圆缺，此事古难全。但愿人长久，千里共婵娟。"苏轼这首《水调歌头》是他 41 岁时，在山东诸城（宋为密州）作的。那天是中秋节，他喝得大醉。当时喝的什么酒，现在不得而知。

shishishisih
huihnishis
nishshishsi
279
huisishsi
sshisishsi
shisshishsihis

不过倒真应该感谢那几杯酒，要不这首豪迈悲凉、千古绝唱的词出不来，文学史上将留下一块不小的空白。

前年美国诗人金斯伯格来中国，他也喜欢喝酒。据说他是每饮必醉，每醉必诗。有一次他喝了酒之后，即席赋诗，不打腹稿，脱口而出，洋洋洒洒数百行，佳句不断出现，使四座为之动容。

其实我想李白、杜甫、岑参、高适之流，当年即兴赋诗，可能也有这种风采。没有天马行空的不羁气概，很难写出自由奔放的诗。诗倒不一定非用酒来启迪引发，但诗必须在自由的灵魂中流出。"醉翁之意不在酒"，我呼唤着共产主义的"人性复归"。

一九八七年十一月三十日

三杯过后

老烈

> 古时的酒，多半以"春"为名，"洞庭
> 春""金陵春""杏花春""蓬莱春""木
> 兰春"等等，不一而足，好听得很。

"酒后无德"，是古之君子的一句格言。那意思大概是说，饮了酒，精神亢奋，无法控制自己的思想、感情、言语，一下子把肚子里的隐秘都抖落出来，不好，劝诫人们不要饮酒。听起来似乎很有道理。但若反问一句：那么，不说真心话，装模作样，口是心非，就好，就有德吗？我看，倒不如喝上两杯，尽说实话，表里如一，那才是好，真正有德。这就要使君子非常难堪，只能说一句，"唯女子与小人为难养也"，便悻悻地走开。其实他们是假道学，真名士并不这样。西晋有个刘伶，做过一篇《酒德颂》，对酒大唱赞歌："兀然而醉，豁尔而醒"，"幕天席地，纵意所如"，"无思无虑，其乐陶陶"。"纵意所如"，便是说真话。"无思无虑"，就是没私心。这可真算有点德。不过也不要"唯酒是务，焉知其余"，喝得酩酊大醉，不省人事，提倡什么"醉后何妨死便埋"，那就戕残身体，有害健康了。倒是辛弃疾的原则好，"麾之即去，招亦须来"，少饮为佳耳。但这也只是对我辈白发苍苍的东山闲人而言，若夫青年人，意气方遒，正当装点江山，仍以不饮为是。

　　酒这个东西，不知道哪年哪代才开始造出来，可能人类社会在稍有余粮那时候就造酒了罢。中国大概始于殷商，传说发明人是杜康，即少康。《史记》上说，商纣以酒为池，悬肉为林，就是个眉目，但恐怕靠不住。天一热，那味道不大好闻，也不会太好看。周朝设有"酒人"之职，专管造酒的小官，还有一篇《酒诰》，劝人戒酒，可见那时已经大造其酒，并且推广了。到了汉朝，刘邦便是个"高阳酒徒"，饮酒更加普遍，再也管不住了。曹操虽曾下令禁酒，却又"对酒当歌"。以后的历朝历代，亦复如此。一面禁，一面喝，天天禁，天天喝。那原因就在于皇帝老倌带头好饮。他喝，大官就喝，小官也跟着喝。老百姓怕犯禁令，不敢公开就偷偷地喝。上有好者，禁得谁来！由此可知，古往今来的许多事情禁而不止，都跟上边的榜样有关系。同时也说明，老百姓喜欢的东西，硬要下令取缔，恐怕难以行得通。堵塞莫如疏导。"朋友，少喝点罢，多了有害健康！"那或许还有效。

造酒是不是一种文化表现，饮酒算不算是一种文化生活，我不敢一语肯定，但酒和古今的文人学士、和诗词书画文章戏曲等等文化活动都有密切关系，却是不错的。"竹林七贤"，"醉中八仙"。有人自号"酒龙"，有人被呼"酒圣"。陶潜老先生"悠然见南山"。张旭大书家"三杯草圣传"。苏东坡怕冷，"我欲乘风归去，又恐琼楼玉宇，高处不胜寒"。李清照怕风，"三杯两盏淡酒，怎敌它，晚来风急"。李白啥也不怕，"举杯邀明月，对影成三人"，坐在地上喝；"且就洞庭赊月色，将船买酒白云边"，跑到天上喝去了。曹雪芹只要有南酒和烧鸭子便写得出《红楼梦》。傅抱石饮了茅台便越画越好。辛弃疾写真醉："昨夜松边醉倒，问松'我醉何如'。只疑松动要来扶，以手推松曰'去'。"醉态可掬。侯宝林说假醉：一个人耍酒风，躺在马路中间，"汽车来了！""不怕。"躺着不动。"消防车来啦！"爬起来就跑。原形毕露……这样的逸闻趣话，说不完道不尽，都可称作"文酒"。还有一种"武酒"，那就和军事、武术、使枪弄棒联系在一起了。楚汉鸿门宴上，酒席之前，项庄舞剑，意在沛公。霸王被困垓下，四面楚歌，起饮帐中，悲歌慷慨。魏武横槊赋诗，"何以解忧，唯有杜康"。宋祖黄袍加身，一朝平天下，杯酒释兵权。花和尚倒拔垂杨柳，黑旋风大闹忠义堂，武二郎打虎景阳冈，林教头风雪山神庙，无一离得开一个酒字，似乎它能够助威壮胆，可以武艺超人，怪不得一口气就喝它个十碗八碗，越喝越勇。就连八路军打了胜仗，会餐祝捷，四大盆菜中间也少不了一大碗酒，还放上一只汤匙，人各一口，轮流坐庄。有时还猜拳行令："九一八呀，七月七，日本鬼呀，打出去！国共合作！全民抗战！"那可真是来神。

我的饮酒，也和当兵分不开。有一年在鲁南，行军到峄县的方城，天气奇冷，中午"打尖"，闻着一阵酒香，搜尽口袋，得钱八角，买酒半碗。一饮而光，香透五内，热遍全身，原来竟是那"兰陵美酒郁金香"的兰陵酒呵！后来在东北，"四保临江"，我当侦察员，常常要在夜间卧水爬冰，观察敌情，冷不可支，便背一支军用水壶，装满了酒，隔一段时间呷一口，为保持血液循环，免得被冻僵。从此我便算作"会喝"了。有意思的是大革文化命当中，上"粤北大学"，在"一〇三队"，一年春节，多蒙"牛官"开恩，每人赏二两，那真是"花上露"，"洞中泉"。不期一位"同学"没量，喝得满脸通红，晃晃荡荡。"牛大人"大为发火，骂"你们这群家伙，一辈子也别想再喝酒"，使人懊悔不已。后来有的"同学""解放"了，虽还"留队劳动"，但可"自由"地到镇上买点东西。我们便订了个计："瞒天过海。"劳动的时候，把水壶都挂在一起，等到收工，我拿他的，他拿我的，我手里的便是那位"解放"了的"同学"的一满壶酒了。这样，夜里蒙上被子，就可以喝上两口，"飘飘乎羽化而登仙"。古人说酒是"扫愁帚"，又名"钓诗钩"。我的愁并未被扫掉，只不过轻松一阵子。诗就更钓不出来，稀里糊涂地想起了杜甫的两句："莫思身外无穷事，且尽生前有限杯！"谁知道关到何年何月呀。

这些年，粮食一多，酒市也热闹起来。古时的酒，多半以"春"为名，"洞庭春""金陵春""杏花春""蓬莱春""木兰春"等等，不一而足，好听得很。今天可就没那么雅了，都是直呼曰酒。茅台、五粮液、古井、洋河大曲、泸洲大曲是白酒；香雪、善酿、沉缸是黄酒；药酒有莲花白、竹叶青、五加皮、味美思；果酒有红葡萄、白葡萄、绿茵陈、玫瑰露，等等，等等。原来有八大名酒，现在据说已经增加到十八种，多且易滥，名酒恐怕也就难名了。实际上还是茅台、香雪、竹叶青、红葡萄几个老牌子脍炙人口。我就只识老货，何者为好，何者为次，淡、薄、轻，厚、重、陈，冽、烈，乾、甘，醇、纯，清、润、和、正，这些字眼都不好随便下，得喝的种类多，次数多，有个品尝比较，才能做出准确的考语。平常说话，曰饮酒，曰喝酒，曰吃酒，都无不可，因地方语言习惯而异。但饮酒宜慢，其理则一。不可一大口一大口地咕噜咕噜往里灌，要一小口一小口地慢慢来。杯口贴着唇边，轻轻送入口内，无声无响，压在舌根，然后咽下。这种"呷"，最得体，所谓"浅斟慢酌"者是也。菜也不须多，更不须太好，三品两味，花生米、豆腐干、酱牛肉之类足矣。"吴姬侑酒，越女侍宴"，京苏大菜，吆吆喝喝，那就没什么意思了。记得有位记者，问圣陶叶老的长寿之道，叶老微笑着答道："每餐少饮一点点酒。"高人妙论，应当成为今日好酒者的原则。近年来，退休在家，我这个被判决"一辈子也别想再喝酒"的酒徒，毫不客气地又端起了酒杯。杜甫诗云："耽酒须微禄，狂歌托圣朝。"现在虽然当了"员外"，托庇圣朝，禄也还不算很微，吃饭穿衣之外，还有钱买酒，三杯落腹，小醉蒙眬，未敢狂歌，酒话而已。

乙丑正月灯节

斗酒不过三杯

舒婷

> 我第一次不觉得酒是下山虎了，也许因
> 为它已下山得逞，不像从远处看去那么张牙
> 舞爪。

"烟酒，下山虎也。"此乃家训。母系姨舅近十，父系叔伯也有七八，无一打虎英雄。听起来似乎干净得很，其实不然。大姨妈历尽沧桑，偶尔陪人喝酒，风度极佳，一盏在手，左右逢源，并不丢丑。妈妈基本不喝酒，遇上大庆，也抿两口，脸不变色。只有一次"五一"节工厂聚餐，她不知自己重疾在身，别人也不知道，妈妈酒后痛陈思女之切，闻者落泪。时值我们都在山区。这是妈妈第一次也是最后一次喝醉。

妹妹生性俭朴，视酒为奢侈之物。新婚那日，人们

自觉照顾女士，只围攻新郎，她跳出来为郎君解围，只这么偶尔露峥嵘，进攻者披靡，收割后的稻捆似的倒了一大片。连她的师父，绰号老酒仙的会计师也被几人搀扶回家，一路大叫：过瘾！过瘾！

哥哥继承了父亲的酒意，一口啤酒，直红上眼皮，浑身都醉汪汪似的，其实不糊涂。我和妹妹则咂着外婆盅缘酒香长大，家教极苛，恨烟恶酒，却是不为所祟。

外公平时不苟言笑，年轻时诸儿听见一声咳嗽便鼠窜，虽从不大声呵斥，更不棍棒相加。外公老来无甚安慰，膝下儿女虽众，有忌之为资本家而划清界限的，有自身难保的，有在台湾久无音信的。于是每日中午一小盅高粱，兑上一半水，自得其乐。等到那双眉老寿星似的倒挂下来，两颊酡红，小胡尖一翘翘得有趣，我和妹妹趴在桌上，乘机在外公的盘子上打扫战场。这时外公就不打掉我们的筷子，蒙眬着两眼得意地欣赏我们的明目张胆。外公做得一手好菜，可惜只烹调他的下酒料。即使煎一个荷包蛋也要亲自下厨，将我和外婆支使得团团转。自己双手颤巍巍端着去饭厅，抛下一地盐罐、胡椒瓶、炉扇、锅盖，让老外婆恨声不绝地收拾，每日如此。

"文化大革命"，外婆也老了，天天跟外公呷一丁点儿。我每每装模作样从她手里沾一沾唇，做伸舌抹泪状，深爱我的外婆乐不可支。妈妈和外婆都是忧郁性的，真正开心的时候极少。我是那么爱看她们展颜微笑的样子，那是我童年生活的阳光。

这样，我似乎明白了酒是什么东西。首先一定要待人老了，心里像扑满攒下许多情感。因为老人们用酒挥发一些什么，沉淀一些什么。

忘掉的不仅是忧愁，记起的也不尽是欢乐。

我在下乡时经常和同伴"大顿"，也和农民"打平伙"。中国人的劝酒是世界独一无二的，与"文革"的逼供信一样使不少人就范。我因不喜酒，每次先就装醉。伙伴们怜我瘦骨嶙峋，都护着我，最后幸亏留着我来收拾残局。可惜隔日问起，个个"浓睡不消残酒"，全不记得了。

还记得随团出访西德，大使馆宴请。也不知大使的官有多大，只觉他挺直爽又没架子，在本桌的撺掇之下，逮住他连干三杯茅台。那大使没忘记他是中国人，又却不过女士敬酒，认了，果然硬灌三杯。团长过来阻止我，说大使接着还要参加一个重要活动。又诧异我居然口齿清楚地汹汹然争辩。其实我喝的那三杯白酒是我最憎恶的矿泉水。比起我像金鱼似的吐一个石灰沫的气泡，大使不是要幸福多吗？

我也常常向往醉一次，至少醉到外公的程度。还因为我好歹写过几行诗，不往上喷点酒香不太符合国情。但是酒杯一触唇，即生反感，勉强灌几口，就像有人扼住喉咙再无办法。有一外地朋友来做客，邀几位患难之交陪去野游。说好集体醉一次。拿酒当测谎器，看看大家心里还私藏着些什么。五人携十瓶酒，从早上喝到傍晚，最后将瓶子插满清凉的小溪，脚连鞋袜也浸在水里了，稍露狂态而已。归程过一独木桥，无人失足。不禁相谓叹息：醉不了也是人生一大遗憾。

最后，是我的一位二十年友龄的伙伴获准出国，为他饯行时我勉强自己多喝了几杯，脑袋还是好端端竖在肩上。待他走了之后，我们又聚起来喝酒，这才感到真是空虚。那人是我们这群伙伴的灵魂，他的坚强、温柔和热爱生活的天性一直是我们的镜子。是他领我找寻诗歌的神庙,后来他又学了钢琴、油画,无一成名,却使我们中间笑声不停。

我们一边为离去的人频频干杯,一边川流不息地到楼下小食店打酒。

我第一次不觉得酒是下山虎了,也许因为它已下山得逞,不像从远处看去那么张牙舞爪。可我仍是混沌不起来,直到一个个都击桌高歌。送我去轮渡的姑娘自己一脚高一脚低,用唱歌般的声音告诉我:她爱着那朋友已有多年,她们四姐妹都渴慕着他,可是他却声称是个独身主义者。

这一天之后,我虽然不曾病酒,却因酒使原有的胃溃疡并发胃炎,再加胃出血,整整一个月光吃流质和半流质。大夫严令再不许喝酒,自己也被胃痛折磨惨了,从此滴酒不沾。

唉,只好等耄耋之年到来。幸亏为期不远矣。

一九八七年十二月十七日

文人与酒（唱词）

王蒙

有酒方能意识流。

有酒方能意识流，人间天上任遨游，神州大地多琼液，大块文章乐未休。

说的是，自古文人爱美酒，酒中自有诗千首。文万言，诗千首，且从茅台唱起头。茅台醇厚，亦刚亦柔。杏花村里，汾酒清秀。沪州特曲，芬芳润喉。最销魂，五粮液，本色天成能解愁。还有那，绍兴黄，状元红，加饮花雕酒。太白遗风真吾友，孟德举杯思悠悠。雪芹典衣沽薄酒，且酌且悲写红楼。

而今的世界多锦绣，中华连接五大州。苏格兰威士忌您还加点冰块呀，（白）Scotch on rocks，拿破仑（的）白兰地（它）异香满口。香槟、雪梨、杜松子酒，（白）

为了和平、友谊（唱）文化交流。

　　遍饮世界名酒，反添几许乡愁，中国人喜的是中国的味儿啊，故国万里梦中游。且尽杯中物，客居双泪流。（白）举杯遥祝，（唱）第一杯，国泰民安春长在，第二杯，父老兄弟都长寿，第三杯，四化大业早实现，巨龙腾飞壮志酬。这才是：酒中自有真情在，饮而不贪（他是）真正的风流。

酒场即战场

王干

> 就是斗酒前，先吃一个二两大馒头，海绵似的吸酒。

聚会不喝酒，如同喝茶不放茶叶。

聚会的类型是各种各样的，有的是公务，有的是私情，公务如招商引资，如宴请，私情如同学聚会、老乡聚会，人情私务凑到一张桌子上来，都是要气氛的。这气氛，不光是吃几个菜，喝一碗汤，肯定要喝几杯。这几杯如何喝，可是有说法。

喝酒是有主题的，主题各种各样，但酒桌上的人，总是希望有人被击倒，但这个喝倒的人是谁，千万别是你。请客有主宾，一般主人希望主宾喝高兴，什么叫喝高兴，就是喝高了。如果你是陪客，你喝倒了，属于喧宾夺主，浪费了主人的酒，还伤了自己的身体。如果你是主宾，喝倒了，有失仪态，弄不好还酒后乱许愿，乱承诺，如果再乱签字，就更糟糕了。所以，把握好自己，做好主角和配角，是不被击倒的基本酒德。

也常常出现一些无主题的酒局，但这种酒局常常混战一团。因为酒桌上从来不乏较劲的人，这一较劲，就要分出高下来，高下不见得是酒量，而是酒智。喝酒的智慧，如同用兵打仗，如何团结一切可以团结的力量，结成最广泛的统一酒线，"打击"最强大的对手，是酒客的军事哲学。酒桌如战场，你要审时度势，观察好"敌情"，合理分布酒力，何时劝酒，何时敬酒，把握好良机，笑到最后。

最常见的是高调喝酒者，气势如虹，先声夺人，咕咚咕咚几杯下肚，赢得满堂彩。气氛因此产生，于是你一杯，我一杯，觥筹交错，其乐融融。高调进入者，往往低调退出。像打仗打冲锋的人，易损兵折将。而那些不动声色，常常开局号称不能喝的人，往往会是潜在的杀手，待众人皆半醉他独醒，再出招，一剑封喉。

那些酒场老将们，也会常常遭遇到挑战。北京作家刘一达是写老北京的高手，我读过他的《掌上日月》《胡同味道》，那股老北京的味儿和老二锅头一样，足有68度，浓烈醇厚。他是饮者中的高手，在电视上夸过海口，摆过擂台，是酒坛上的常胜将军。常有不服气的，上门斗酒，刘一达来者不拒，他的惯用战法，是重武器先用，每人一大缸，足有三两，如不认输，再来一大缸，基本摆平。我问老刘，你怎么受得这猛酒了？一达兄说，一我是主场，养精蓄锐，我以逸待劳，他车途劳顿前来挑战，先输了一阵。二是，酒量大的，往往是慢酒。快酒的常常是馋酒。果然是军事问题，扬长避短，攻其不备。另外，刘一达还私下告诉我一个小诀窍，就是斗酒前，先吃一个二两大馒头，海绵似的吸酒。我在这里透露秘方，希望刘大将军不要见怪。

也有不畏醉酒的，甚至醉后不悔的。评论家孟繁华属于酒桌上的高调进取的先锋，他是那种"尽管筛来"型的，喝不到位，是不肯离桌的。所以作家们吃饭，常常会想起他，我看过一位女作家写他的印象记里写道，孟教授酒品甚好，喝高了，身份证、钱包随时乱扔，说是身外之物。多可爱啊！

当然，可爱是别人眼中的感受，而当事人就不一定了。我在北京醉得最惨的一次，是十几年前，刚到北京，为刊物扭亏为盈，要拉一万块钱的封底广告，请人吃饭，咕咚咕咚表示热情，豪言壮语，胡言乱言，然后钻到桌子肚里，醉得不省人事。第二天醒来，发现躺在单位的宿舍里，不知道怎么被送回来的。想吐，又吐不出来。喝酒的都知道，醉了不怕吐，就怕吐不出来。吐了，就轻松了，好多人还可以接着喝，但吐不出来，意味着内脏中毒了，难受无比。那次我昏沉沉睡了一天，直到傍晚，好心的同事看我一天没动静，敲门知我醉了，拉到医院输液，才慢慢缓过来。仿佛重病一场。

而且，酒后出尽洋相，当时一位好友因我言语伤人，当场退出，与我绝交，而我浑然不知。人生败仗，不堪回首。

《红楼梦》与酒及其他

周雷

> 真可谓增一字则多，减一字则少，改一
> 字则错。

谈营养美食，总离不开酒。酒这玩意儿，说起来颇有点奇妙，竟与人类的物质文明和精神文明结下了不解之缘。大凡饮食色情、医药卫生、工商财政、文学艺术、风土民俗等等，无不与之关连，受其影响。曹雪芹写的《红楼梦》，是中国古代物质文明和精神文明的结晶，自然会与这个"杯中物"有着难解难分的缘分。

我们的老祖宗说过："民以食为天"。"食、色，性也"，这是至理名言。此处所谓"食"，盖指"饮食"；所谓"色"，即指"色情"。远在洪荒时代，人民少而禽兽众，人民不胜禽兽虫蛇，人类的祖先为了保存自己和繁衍后代，自然离不开饮食生活和性爱生活。饮食文化与色情文化出于人类的"天""性"，与生俱来，是一切人类物质文化和精神文化中产生最早、历史最久的古老文明。

人类躯体能够保持稳定状态和生命活力，主要是依靠保持机体的内环境——即由血液和淋巴液组成的液床的恒定来实现的。中医学也认为，人的身体有12条水渠道、365个溪谷，构成一个完整精密的水系统。美国生理学家坎农在谈到人体稳态问题时指出："水和食物是机体所必须的基本物质"；而"食欲、饮水欲、饥饿感和渴感，对于维持机体营养和水分的供应来说，可以被看作是维护个体或种系的利益的生物体内的种种装置之中的典型装置"。看来，饮料与食物，对于维护人类的生命和生存具有同等的价值，共同构成了饮食文化的研究对象。

饮食共济，药食同源，是古今中外大同小异的养生之道。商汤时，从奴隶到大臣的伊尹，既是精于烹饪的名厨，又是通晓药剂的良医，传说中有"伊尹酒保""伊尹汤液"的提法，正说明他精通烹调和医药，而且在这两方面都突出了饮料的地位和作用。在我国传统的药膳食谱中，全流体和半流体的饮食占有举足轻重的地位，诸如鲜汁饮料、速溶饮料、羹、汤液、酒、醴、醪等饮料和半流体的粥食，门类齐全，品种繁富。其中尤以酒的名望最高，影响最大，被誉为"百药之长"，成为在人类文明史上起过独特功用的一种尤物。

作为饮料之王的酒，按照生产工艺分类，主要有发酵酒、蒸馏酒和配制酒三种。《红楼梦》里描写的酒，这三种类型的都有。发酵酒类曾写到过"黄酒"（第38回）、"绍酒"（第63回）、"黄汤"（第44、45、71、79回）、"惠泉酒"（第16、62回）以及"西洋葡萄酒"（第60回）等。蒸馏酒类的写到了"烧酒"（第38回）。配制酒类的则有"合欢花酒"（第38回）、"屠苏酒"（第53回）等。可见在贾、史、王、薛这样的贵族家庭中，无论是大规模的官私筵宴，还是小范围的家常便饭，席上杯中的酒是不可或缺的。当然，这些描绘都是曹、李、孙、马等贵族世家的富贵繁华生活的形象写照。曹雪芹本人，就是一个诗酒放达的"燕市酒徒"，尝作戏语说："若有人欲快睹我书不难，惟日以南酒烧鸭享我，我即为之作书。"《红楼梦》中，确有雪芹经历和曹家史事的影子，这是无可否认的事实。书中有关"合欢花酒"的描写，就是最好的例证。

在藕香榭摆下的螃蟹宴上，黛玉拿起那乌银梅花自斟壶来，拣了一个小小的海棠冻石蕉叶杯，斟了半盏，看时却是黄酒，说道："我吃了一点子螃蟹，觉得心口微微的疼，须得热热的喝口烧酒。"宝玉忙说"有烧酒"，便让人将那"合欢花浸的酒烫一壶来"，黛玉只吃了一口便放下了。这里有一条脂批说："伤哉！作者犹记矮𩏂舫前以合欢花酿酒乎？屈指二十年矣！"可知曹家真有其事，批者深有所感，才能和泪写下这样伤感的批语来。在这个小小的生活细节中，曹雪芹一气呵成地写出了发酵酒、蒸馏酒和配制酒这三种不同类型的饮料酒。寥寥数笔就把三种酒的名称、酒度、效用、制法画龙点睛地写了出来。黄酒—烧酒—合欢花酒，三种酒的名称准确无误。黄酒是低度饮料酒，酒度从8°至20°不等，品质醇厚，酒性温和，口味甘美，香气浓郁。烧酒多是高度饮料酒,酒度从38° 至64° 不等,品质纯正,酒性浓烈,口味净爽,回香悠长。螃蟹性寒,而"胃喜暖,暖则散;冷则凝,凝则胃先受伤"(曹庭栋《养生随笔》)。黛玉觉得"心口"疼,其实是指胃疼,所以想"喝口烧酒",暖暖胃。"合欢花酒",是以烧酒(白酒)为主料,加入合欢花,将其有效成分和芳香甜味浸泡出来。雪芹写宝玉说的是"有烧酒",而令人烫来的却是"合欢花浸的酒",言简意赅地将这种配制酒的主料、配料和浸法十分精确地描述出来了。真可谓增一字则多,减一字则少,改一字则错。脂批说是"以合欢花酿酒",一字之改就出了错。因为这种配制酒用的是"冷浸法",并不是"酿"成的。从这里也可见雪芹的用字之精审,文心之细密。去年夏天,友人康承宗在《红楼梦》的启示下,研究、配制出"合欢酒",分怡红、快绿二型,曾持赠品尝,并贻诗索和。为步韵赓酬,乃开樽独酌,聊乘酣兴一挥之:

太白梦阮两谪仙,

未服诗敌醉沈间。

美酒盈樽花满眼,

玉山休诉最陶然。

一九八六年十一月七日

夜草。

劝酒

谌容

> 来点李白式的独酌，哪怕不在月下，只
> 要能安安静静地饮上一杯。

劝酒之风，古已有之。不知算不算得中国文化深层结构中之一层。反正每逢喝酒，必有人劝，也就必有人被劝。劝人者都有量，被劝者则未必。甭管您有量没量，都得经受这严峻的考验。不然，您别来！

佳肴齐备，主人或主持人举杯：

"薄酒一杯，不成敬意，干！"

薄酒不薄，起码介于 65 度至 45 度之间。席间量大的如饮甘露，慨然从命，得其所哉；量小的如喝敌敌畏，心惊胆颤，苦不堪言。然而主人精诚之极，盛情之极，不干，您来干吗？能不能喝是酒量问题，干不干则是态度问题，您自个儿瞧着办。别思想斗争了，干！

酒过三巡，必有仁者恭谦起立：

"借花献佛，敬诸位一杯，干！"

主人故意借花，先干理所当然。在座熟与不熟的好意思不干吗？人家跟你回头见面，称你为佛，献你的花，别不识抬举，干吧！

"不行，不行，我实在不行！"

告饶之声不绝于耳。

"先干为敬！"献花者更有绝招，先你来个底儿朝天，就看您赏脸不赏脸啦！

讨价还价没用，别磨蹭，干了！

真人不露相，待众人微醺，人家才出台：

"三杯为敬！"

一溜三个酒杯斟满，规矩是一气连干，方为敬意。局势在发展，非人力所能控制。酒场如战场，没有豁出去视死如归的精神您最好别往里掺和。

于是乎，酒盖脸，举座昏昏然。谁也分不清那是红烧鱼块，还是石头子儿；谁也不认得那是生人，还是自己的小舅子。酒倒是把一桌子的人团结在一起，只是天旋地转，没人分得清谁是我们的朋友，谁是我们的敌人了。

"五杯为满！"强中自有强中手，藏龙卧虎，席间不乏能人。

一串儿五个酒杯斟满，干下去才是好汉。打擂台了。

一桌人的音量都提高了八度，几十岁的人都成了顽童，美酒成为玩具或魔术、杂技、武打……有往手绢里吐的，有往鼻子里灌的，有往人身上泼的。一时间，醉眼相对，大哭大笑，残兵败将，真情毕露，倒也醉态可掬，只是何苦来？

这才尽性。

花间一壶酒，

独酌无相亲。

举杯邀明月，

对影成三人。

每读这诗句，总替李白的孤凄难受。然每逢盛宴，被劝酒劝到无处躲藏时，则非常渴望来点李白式的独酌，哪怕不在月下，只要能安安静静地饮上一杯。

饮酒若能宽松些，别那么死乞白赖地劝，该是多么
自由！

1988 年元月被劝酒

而伤酒昏然中写下

唯酒无价

马国亮

> 外国有出版专门评酒的杂志，常以"高雅"（elegans）一词形容酒的气质。

初到香港，朋友送我洋酒一瓶。事后在超级市场发现，此酒价钱竟达560元。那时还未见世面，不禁惊喜交集。

不久随亲戚应邀参加一个宴会。席设一流酒家，菜肴颇丰。宴罢出来，我问亲戚，这一席大概得花上四五千吧。

亲戚答，五千？一万就差不多。

我说，小菜不是才三千上下吗？

亲戚说没错，但光是开的一瓶名酒就四千多。

这时来港已有一些日子，阅历稍增，已能闻变不惊。只是有点后悔当时没有好好地品尝摆在我面前的半杯酒。

最近看到一篇报道，说丹麦、比利时的首都经常有名酒拍卖的活动。近年拍卖出最贵的一瓶酒，是珍藏了二百年的波尔多产的葡萄酒，售出价达十万零五千英磅，合港币一百四十七万，即人民币约七十五万元。

　　我几乎以为我的眼睛有毛病了。

　　报道还提到某酒每瓶一万五千元，某酒二万元、四万元不等。最后提到中国酒，说中国酒向来价不高。一瓶远期茅台，也不过千余元，比洋酒逊色多了云云。

　　我非酒徒，也不懂酒。看咱们的酒受了委屈，也不会生气。如果酿制比不上人家，应该服气。如果比得上，而人家不了解，像中国文学作品不为诺贝尔奖评委会所了解一样。事属寻常，也无损于中国文学和酒的成就。再说，中国酒自古已有高价。王翰说，"葡萄美酒夜光杯"。夜光杯是白玉之精所制，光明夜照。以此盛的葡萄酒，当非凡品。李白也说过斗酒十千，说过以五花马、千金裘换酒，可见当时的酒价也有高的。事逾千年，那时的十千、千金裘，以通货不断增值算，大概也不逊于今天的十万英磅吧。

话虽如此，我还认为酒的价值在情趣。而情趣是不能以常值论的。

外国有出版专门评酒的杂志，常以"高雅"（elegans）一词形容酒的气质。这个词选得好，用得有意思。由此观之，斤斤计较于酒价是十万英磅或千金裘，都不免近于鄙俗了。举杯毕竟也是雅事，试想在曹操与刘备煮酒纵论天下谁为英雄的时候；试想在会稽山阴兰亭，群贤列座，曲水流觞正在进行的时候；试想有客无酒，贤夫人忽然对你说"我有斗酒，藏之久矣，以待子不时之需"的时候；如果此时有人问，这酒多少钱一斤，不是太煞风景了吗？

酒就是酒，无需论价。梵高的一幅《蝴蝶花》，去年11月在纽约苏富比拍卖行以5390万美元售出。这是有史以来以币论值最高的一幅画。你总不会就说，这是全世界最好的一幅画吧。同样地，认为十万零五千英磅的酒是世上最好的美酒，也是荒谬的。最贵，不等于最好。

唯酒无价。知己相逢，横槊高歌，黄龙痛饮，此时的酒，不管是什么酒，都是美酒。

酒与真言

张志民

上过几次当之后，便也"上当学乖"，

逼出一种习惯，听人说话，我从不轻易表态。

去秋，接祖光先生约稿信，要我为他主编的《解忧集》写篇谈酒的小文，我因不会饮酒，一向与酒无缘，缺少对酒的体味，难以为文，只好复信给他，请求"作罢"。日前，在一家报刊的座谈会上，我俩恰好同桌，谈及此事，再次说明我没交稿的原因，他说："不会饮酒的人写酒，更为难得，你还是写一篇，在此集中可别具一格。"得到这样的优惠，我就再没"还价"的余地了。

我不会喝酒，许多朋友都知道，那么，"不会喝"是我的长处，还是我的短处呢？听到的议论，各有各的说法，有人夸我："几十年道路坎坷，硬没沾上这个嗜好，不简单，有志气，好饮伤身啊！"有人劝我："烟，应该戒掉，那东西百害无益。酒，还是多少来一点，活血脉，提精神，李白'斗酒诗百篇'，不是没有道理的。"还有的批评我："你这个人，活得也太乏味了，吃、喝、玩、乐，你少了四分之一，算不上个'完人'啊！再不补课就来不及了……"

所有的玩笑，都随着时间过去了，但酒，我至今仍还是不会喝，因为不会喝，便缺少了对酒的知识，对酒的兴趣。我说不出中国有几大名酒，世界上有什么关于酒的传说、轶事，偶有朋友送瓶酒来，并向我介绍着此酒是如何的名贵，但从我这位酒盲的表情中，他得不到应有的反馈，甚至会猜想到，即便我收下来，也是会很快便转送别人的。

由于我自己不会喝，家里人也不大懂得怎样以酒待客，连套像样的酒具都没有，几只配不成对儿的酒盅，常是东一只西一只丢在碗橱里。遇有来客留饭，只好犄角旮旯乱找，急得满头大汗，如此举动本已有损于待客的氛围，更加尴尬的是不能陪酒对饮，只好看着对方独酌，我自己坐在一边吸烟。这种场面，简直像唱歌没有伴奏一样的大煞风景。

如此说来，不会喝酒，实在是我的一个短处。

不过，我自己虽然不会喝，对于那种热热闹闹的喝酒的场面，还是很愿意"光临"的，觉得在那种时刻里，大家都丢掉平日的那许多客套，丢掉那许多不必要的礼仪，外衣一脱，开怀痛饮，形式越随便，心情越舒朗，几杯酒下肚，话越说越多，肺腑味儿越浓，每个人也越加露出自己的本相，快乐和忧愁，欣慰和激愤，种种心情，都渐显于形，表现在脸上。常说"酒后吐真言"，这种节骨眼儿上说出的话，每每都是"掏心窝子"的，翻箱倒柜，人们把平日里不直说、不便说、不敢说的话，这工夫可以一股脑儿倒出来。

这种"倒出来"的话，往往都是开门见山，直出直入，不加任何修饰词的真言。真则精贵，话，可能不多，但却针针见血，能让人牢牢记住。

多年来，我每年都出去走走，所到之处，长话、短话、真话、假话、官场话、民间话、牢骚话、气头话、言过其实的话、实事求是的话……什么话都听过。文人天真，常常上当，但话听多了，上过几次当之后，便也"上当学乖"，逼出一种习惯，听人说话，我从不轻易表态，你说你的，我听我的，你的一面之词是否可信，我还要经过一番验证。

有次，去某水果产地采访，上任刚满一年的党委书记，把我视作"上方来人"，让秘书准备好各种数字、表格，召集本场的有关领导，说本场仅在一年之内，便"跃"上去了，打了个"翻身仗"，经济收入增加了百分之多少！有多少户职工买了什么"机"！增加了多少存款……如此等等，总之是说明，自他上任以来，本场的面貌，顿然改观，尤其强调的是：这一切，都仅在"一年之内"。

书记说罢，虽有个别人应声捧场，但多数人没有吭声，态度冷淡。我感到事情蹊跷，书记所谈的情况，是否有走样、失真之处？正苦于得不到答案，当晚宴会间，人们多吃了几杯酒，话，便越出了常轨，越说越深了。已改做工会工作的前任书记，三杯下肚，话匣子拉开了，手拿着半杯酒，对现任书记问道：

"咱们场翻身了。这身,是怎么翻的呀?"

"当然是靠党的政策,开放改革,把经济搞活嘛……"现任书记说。

"这我知道,我是问你,靠什么大宗经济收入?"

"靠苹果,今年大丰收!"

"这也没错,全场都知道!就像知道你来场才仅仅一年。我是问,果树没学过'速成法',今年挂果儿的树,是哪一年栽的啊……"

看得出,这位工会主席动起了"真刀真枪",句句逼人,党委书记被问得面红耳赤,无言答对。这使我不能不对他所汇报的情况,打出应打的折扣,并为敢于当众揭他疮疤的人,怀起种种忧心……

作为一个旁听者,我认为,工会主席的话是有说服力的,因为当年的果树,不可能当年结果,经济收入的增加,既然主要来自果产,其生产过程就决不是"仅仅一年"。新书记把功劳都记在自己的账上,别人有意见,憋在心里,不便讲或是不敢讲,只有在多喝了几杯之后,这心底的积怨,才有了发泄的勇气,正如当年被发配流徙的宋公明在浔阳楼上，倘不是多吃了几杯酒，"不觉沉醉""狂荡起来"，也不会在此时此刻写下那"他年若有凌云志，敢笑黄巢不丈夫"的"反诗"，吐出内心的真言。

酒，作为含乙醇的一种饮料，它可以降低大脑神经的抑制能力，喝得稍多一点，便容易使人的言谈失去克制，这种情况下，话越说越随便，一些久埋在心底的话语，也可脱口而出。可能语无伦次，但多为真言。大约正是因为这层缘故，历史上才会有"酒不言公"的格言，怕因说话触犯了什么忌讳而获罪。今天，我们是不赞成在大庭广众之前谈论国家机密，讲什么不当讲的话，但听几句酒后的真言，却比听那些冠冕堂皇的假话、空话、只讲这一面不讲另一面的偏话、抬高自己打击别人的坏话……要有兴趣得多。

一九八八年二月

酒和方便面

宗璞

> 人生需要方便面充饥,也需要酒的欣赏。

    酒,是艺术。酒使人陶陶然,飘飘然,昏昏然而至醉卧不醒,完全进入另一种境界。在那种境界中,人们可以暂时解脱人间各种束缚,自由自在;可以忘却营碌奔波和做人的各种烦恼。所以善饮者称酒仙,耽溺于饮者称酒鬼。没有称酒人的。酒能使人换到仙和鬼的境界,其伟大可谓至矣。而酒味又是那样美,那样奇妙!许多年来,常念及酒的发明者,真是聪明。

    因为酒的好味道,我喜欢,却不善饮。对酒文化,更无研究。那似乎是一门奢侈的学问。只有人问黄与白孰胜时,能回答喜欢黄的,而不误会谈论的是金银。黄酒需热饮,特具一种东方风格。以前市上有即墨老酒,带点烟尘味儿，很不错。现有的封缸、沉缸，也不错。只是我不能多喝。有人说我可能生来具有那根"别肠"，后因多次手术割断了。

就算存在那"别肠"，饮酒的机会也不多。有几次印象很深，但饮的都不是黄酒。

云南开远杂果酒，色殷红，味香甜。童年在昆明，常在中午大人午睡时，和兄、弟一起偷饮这种酒，蜜水一般，好喝极了。却不料它有后劲，过一会便头痛。宁肯头痛，还是偷喝。头痛时三人都去找母亲。母亲发现头痛原因，便将酒瓶藏过了。那时我和弟弟住一房间，窗与哥哥的窗成直角。哥哥在两窗间挂了两根绳子，可拉动一小篮，装上纸条，便成土电话。消息经过土电话而来，格外有趣。三人有话当面不说，偏忍笑回房写纸条。纸条上有各种议论，还有附庸风雅的饮酒诗。如今兄、弟一生离一死别。哥哥远在异域，倒是不时打越洋电话来，声音比本市还清楚。

海淀莲花白，有粉红淡绿两种颜色，味极醇远。在清华读书时，曾和要好的同学在校园中夜饮。酒从燕京东门外常三小馆买来。两人坐在生物馆高台阶上，望着馆前茂盛的灌木丛，丛中流过一条发亮的小溪。不远处是气象台，那时似乎很高。再往西就是圆明园了。莲花白的味道比杂果酒高明多了。我们细品美酒，作上下古今谈，自觉很是浪漫，对自己的浪漫色彩其实比对酒的兴趣大得多。若无那艳丽的酒，则说不上浪漫了。酒助了谈兴，谈话又成为佐酒的佳品。那时的谈话犀利而充满想象，若有录音，现在来听，必然有许多意外之处。这要好的同学现在是美国问题专家。清华诸友近来大都退化做老妪状，只有她还勇往直前，但也绝不饮酒了。

另一次印象深刻的饮酒经验是在1959年，当时我下放农村劳动锻炼。一年期满回京时，公社饯行，喝的是高粱酒，白的，清水一般，度数却高。到农村确实增长了见识，很有益处，但若说长期留下改造，怕是谁也不愿意。那时"不做一截子，要做一辈子"农民的壮志尚未时兴。饯行宴肯定我们能回京，使人如释重负；何况还带有公社赠送的大红锦旗，写着"上游干将，为民造福"，证明了我们改造的成绩。在高兴中，每人又有这一年不尽相同的经历和感受，喝起酒来，味道复杂多了。

公社干部豪爽热情，轮番敬酒。一般送行的题目喝过，便搬出至高无上的题目来，"为毛主席干杯！"大家都奋勇喝下。我则从开始就把酒吐在手绢上，已经换过若干条，难于为继了。到为这题目干过几次杯后，只好逃席。逃到住房，紧跟着追来一批人，举杯高呼："为毛主席健康！"话音未落，我忍不住哇的一声呕吐起来。幸好那时距"文革"尚远，没有人上纲，不然恐怕北京也不得回了。

我们的队伍中醉倒几条好汉，躺在炕上沉沉睡去。公社书记关心地来视察，张罗做醒酒汤。那次饮酒颇有真刀真枪之感，现在想来犹觉豪迈。

酒是有不同喝法的。

据说一位词人有句云："到明朝重携残酒，来寻陌上花钿。"君主见了一笑，说，何必携残酒？提笔改作"到明朝重扶残醉，来寻陌上花钿"。果然清灵多了。这是因为皇帝不在乎残酒，那词人就显出知识分子的寒酸气了。

寒酸的知识分子，免不了操持柴米油盐。先勿论酒，且说吃饭。这真是大题目。有时开不出饭来对付一家老小，便搬出方便面。所以我到处歌颂方便面，认为其发明者的大智慧不下于酒的发明者。后来知道方便面主乃一日籍之华人，已得过日本饮食业的大奖，颇觉安慰。

　　到我的工作单位去上班时，午餐便是一包方便面。几个人围坐进食，我总要称赞方便面不只方便，而且好吃。"我就爱吃方便面。"我边吃边说。

　　"那是因为你不常吃。"一位同事笑笑，不客气地说。

　　我愕然。

　　此文若在1987年底交卷，到这里会得出结论云，人需要方便面，酒则可有可无。再告一番煞风景罪，便可结束了。但拖延至今，便有他望。

　　1988年开始，我们吃了约十天的方便面，才知道无论什锦大虾何等名目的作料，放入面中，其效果都差不多。"因为你不常吃"的话很有道理。常吃的结果是，所需量日渐减少。无怪嫦娥耐不住乌鸦炸酱面，奔往月宫去饮桂花酒了。

人生需要方便面充饥，也需要酒的欣赏。

什么时候，我要好好饮一次黄酒。

一九八八年一月

域外酒谈

〔澳〕白杰明

　　这才是酒道的正宗。

　　敝邦澳大利亚是个啤酒大国。近代各国人士将各自的特异国花、国旗、国歌、国徽等等引以为豪，虽然澳洲亦照此惯例备有这些物件，并动辄借用像树熊、袋鼠以及鳄鱼邓迪先生这类怪物扬名天下，我倒认为这些都不足以代表吾国与吾民。酒，尤其是啤酒，恐怕才是举国上下百姓一致认同的东西。

　　啤酒自何时开始风靡大洋洲说法不一。有人说，以暴饮大量啤酒来庆祝开国二百周年的澳国人只不过是继续和发扬了往昔被押解到南半球的孤岛来"劳教"的英国囚犯的遗俗而已；有的则偏向一种"因地制宜"的庸见，说此地夏季溽暑难当，老百姓不借杯中之物就无法过活。

无论怎样解释，澳洲啤酒统治了全国老少，流行到无处不有、无人不饮的地步，却是当今的现实情况。

我记得，前年初《中国日报》一位记者在一篇实地报道文章里无意地验证了啤酒文化在这块国土上的惊人渗透。这位中国"老外"在跟随一伙本地记者四处奔跑采访新闻时感觉他们一路上几乎每隔二十分钟就要停下车来，侧身躲进一家酒吧"解渴"。当时，乍一看这篇报道我颇怀疑此公故意骇人听闻，过分渲染洋同行的脾性；但稍一琢磨，心想澳洲啤酒怪闻竟那么多，也许果真有那样一大批与啤酒相依为命的憨子？连我这澳洲人也怀疑起澳洲人来了。

在这样堂堂酒国我就得算是一个不识时务者，在中学和大学这一段澳洲人酒性大发的时节，我竟自滴酒而不沾，酷似范成大先生所说的情景"余性不能酒，士友之少饮者，莫余若"。可澳洲的大学毕了业以后，初出茅庐来到中国读书，这便是我饮酒生涯的"滥觞"。

当时"文革"已近乎尾声了。我在北京、上海学习一年以后，申请转学就读于沈阳，主要是慕教育革命之名而来的。在东北度过了两年的奇特光阴；别的本事没学到手，却倒真学会了喝酒。在那旮旯儿我喝的可不是那么清爽可口的澳洲马溺，也不是中国南方温文尔雅的绍兴花雕。我喝的就是当地劣等白酒。

我堕入中国的酒缸文化的原因比较简单。沈阳冬季寒冷异常，一个在悉尼的温和海洋性气候薰沐下长大的人，势必寻找个御寒的良方。光把身躯包紧在密不透风的皮毛衣着里还嫌不暖，我发现为了在零下三十度左右的刺骨严寒之下保住身体健康，非得学点"发内功"的看家本领不可。当时五花八门的气功神技尚未流行，我们同窗学友就以白酒防冷防冻，喝酒这门功夫一旦入了门，顿觉其乐无穷。

在七十年代中沈阳皇姑区辽宁大学校门外时常出现这么一个看来十分古怪的场面：一小撮类似外星人的法国、意大利、澳大利亚和日本留学生成群结伙、昂首阔步来到校门斜对面像街道工厂一般不起眼的小饭馆去力图"改善"伙食。三杯下肚立竿见影，看上去不起眼的东北白干立即发挥威力，使这群"外星人"顿时全身发热，数九寒冬化成一片春阳，一路欢腾回校。

饮酒之德大矣哉，借酒驱寒是一项主要的功能。酒量与日俱增，酒意无限缠绵，酒神威力无边。在去东北之前我决难预料自己居然成为今日之酒徒的。

白酒还富于禅味，妙在不可言传，一定要形诸文字的话，最终也会弄得"雅俗俱伤"，这就是我写了这么多也没写出什么道理的主要原因。

以酒取暖是我初入酒境的第一步，接着就知道周围的朋友常有爱借酒浇愁的。虽然有些人能做出一副难得糊涂像，却往往是醉翁之意不在酒，说得刻薄一些他们只不过是在借酒装蒜而已。当然借酒发疯也是老幼咸宜的乐事。酒后吐真言，酒醒了可以不认账；而且可以借酒气人，自得其乐。

借酒解忧又是一功，在中国有悠久历史。但我想，当代人无论如何倾觥痛饮也比不上魏晋时代的诸酒仙酒神吧。借酒解忧，借字当头，解在其中，动机不纯。我还是欣赏张翰那位任性自适之士的态度：朋友劝他曰，"卿乃可纵适一时，独不为身后名邪？"他回答："使我有身后名，不如即时一杯酒。"这才是酒道之正宗。

拉杂写出这样一篇酒前酒后的废话实在没啥意思，只为近年常居澳洲，少有机会畅饮中国白酒，只能纸上说酒，企图借此解酒瘾而已。

一九八八年五月四日于澳洲·坎培拉

酒戒

张北海

> 喝酒的最终目的，喝酒的人所追求的理想境界——高潮。

在台湾的时候，我基本上是喝金门高粱或台湾啤酒和生啤酒，非常偶而才有可能喝点外国酒，主要是威士忌或白兰地。至于清酒、米酒、红露、五加皮，以及各式各样的药酒，我完全没有胃口。

这是 25 年以前到目前为止我的前半生的喝酒习惯和兴趣。自从到了美国以后，我就完全改为喝外国酒，主要是威士忌，偶而一点白兰地或啤酒。至于其它成百上千种鸡尾酒，不是说它不好喝，而是我喜欢简单直接的酒，以不改变酒的味道为原则。所以如果我不是直喝（straight）我的威士忌的话，我也只加一些冰块、一点水而已，只是起一点冲淡的作用。

而法国红酒和白酒，我始终没有真正进入情况，只有在有相当好的外国菜的陪衬之下，经过懂得的人的介绍，我才能真正地享受。

我还是喜欢威士忌，但来美以后开始认真地喝，也经过了好几个阶段。做学生的时候，以美国威士忌（BourbonWhiskey）为主，因为只需要苏格兰威士忌三分之一到四分之一的价钱即可买到一瓶蛮好的。爱尔兰威士忌还可以，但很少喝加拿大威士忌，味道比较冲。

开始打工做事了以后，口袋里比学生时代多了那么几块零钱，才喝起了苏格兰威士忌（Scotch Whiskey，也有人音译为"苏考赤"）。我当时并不知道，而且连大部分喝"苏考赤"的老美也不知道，我们通常喝的（Johnnie Walker、Chivas Regal、Dewar's、Cutty Sark、White Horse……）都是所谓的"杂种"苏考赤（Blended Scotch），这些名牌苏考赤都是用好几个"纯种"（Pure Malt），再混上不少其它的"杂种"配制出来的。

称这两种苏考赤为"杂种"和"纯种"绝不含有任

何贬的意思。刚好相反，我是从科学角度来翻译这两个名词。最早期的苏考赤都是只用大麦（先发酵，再蒸馏）来制作，因而英文称之为 Pure Malt，或 Single Malt Whiskey，也就是说，"纯种"威士忌。过了很久才有人想到用不同酒厂的"纯种"，加上其它各式各样的"杂种"（粮食，如玉米、小麦、黑麦）酒配制而成，因而英文称之为 Blended Scotch Whiskey。"纯"与"杂"只表示"一种粮"和"杂种粮"而已，而不是在褒和贬。不过有一点要知道，"杂种苏考赤"的商会多年来一直在阻碍"纯种苏考赤"销往美国，直到好像 70 年代。这就是为什么"纯种"是近十几年来最引人（当然指苏考赤爱好者）注意的苏考赤。

这也正是我目前的阶段，只不过我并没有完全抛弃我的"杂种"。它还是比较便宜，虽然只便宜大约四分之一左右，可是对常常喝的人来说，还是可以少支出一点。不过我家里经常总会有一两瓶"纯种"（Glenlivet、Glenfiddich……），为知音，为远方来的友朋，为自己的心情，为春分，为初雪……

我的酒龄只比我小十几岁。除了年轻的时候为了酒而出过丑，失过态，丢过脸之外，我多年来早已告别"滥饮"。"滥饮"是任何爱酒的人很难逃过的洗礼。如果非要经过不可的话，那就跟失恋一样，越早越好，越快过去越好。这一关过不了，或拖得太久，很容易变成酒鬼。当然，就算你过了，也不见得你就能够成为酒仙。问题就在这里，你听我说，你可以自贬为酒鬼，但任何人都无法自封为酒仙。酒仙是修来的，只不过，就我所知，太多太多的酒友，在还没有想到修成酒仙的时候，已经变成酒鬼了。我非鬼非仙。不过，让我在此扮演一次菩萨，就算我不能助你修成酒仙，但至少也许可以使你不必沦为酒鬼。

酒鬼是现实写照，酒仙是浪漫幻想。既然讲酒戒，就只有从现实开始。现实是，酒是一种麻醉品，也许它不是鸦片，但它也绝不是鸡蛋。何况就连鸡蛋（去问问40岁以上的人看看），吃多了都对身体有害。

美国一般用"血液酒精"来测量人醉酒的程度。所谓的"血液酒精"，是指人体血液之中的酒精百分比。

就美国各州公路警察逮捕酒醉驾车来说，酒醉的标准是百分之零点一，或千分之一。这就是说，每千单位血液之中有一单位酒精的话，无论你身高体重如何，也不管你很久以前喝了多少才在当时出现这个血液酒精百分比，就请你立刻坐牢，至少一夜，事后的惩罚虽因州而异，但绝不会轻。就醉酒标准而言，这千分之一的规定相当精确。问题是，在你喝酒的时候，你怎么知道几杯下肚之后才使血液酒精高到这个程度？另外，要停喝之后多久，身体才会排泄掉所有酒精而使你完全清醒？最后，有没有一个所谓之"高潮"，也就是说，在没有醉之前的一个最过瘾快乐舒畅的时刻？

让我先澄清一个引起不少误会的概念。不少人以为烈性酒（如威士忌或白干）要比红葡萄酒（或清酒）和啤酒更容易醉人。一般来说，除了因个人体质不同而会有少许差别之外，任何酒喝多了（喝到血液酒精千分之一的程度）都会醉。使你醉的不是高粱酒的高粱，葡萄酒的葡萄，而是这些酒中间的酒精。就这么简单。

为了方便起见，我用三种不同的外国酒来举例。一种是烈酒，如威士忌、白兰地。（中国的白干，从山西汾酒到金门高粱，则较烈一点。）一种是葡萄酒，如法国的红酒、白酒，中国和日本的清酒。（中国的黄酒如绍兴则相当于西方的"加强葡萄酒"，酒精强度介乎烈酒和葡萄酒之间。）一种是啤酒，中外几乎一样。

三种的酒精成分虽然不一样，可是普通一杯威士忌（shot，看你去哪个酒吧，大约一英两至一点五英两，在此我们不妨用平均数一点二五英两作标准）的酒精含量相当于普通一杯四英两的任何葡萄酒，也相当于任何十二英两装的啤酒。这种比较的意思是说，你喝一杯威士忌，加不加冰块都无所谓，从身体所吸收的酒精来说，与喝一杯四英两的葡萄酒和一缸十二英两的啤酒一样。

一般而言，我们的身体重量是一个决定因素，虽然我也碰过比我还瘦的人比我还能喝，但是总的来说，体重高的人比体重低的人，至少在时间上能晚醉一会儿，如果目的是酒醉的话。换个方式来说，以同等速度喝同量的任何酒，身体重的人可以持久一点。至于那些有特异功能的，天生异禀的，内功出神入化的，如果在传闻和武侠小说之外真有他们，则不在此限（万一碰到这种人，也千万别和他们比酒）。

让我再用三种不同体重的人来作个比较：120英磅，150英磅，180英磅。用这三种体重作基准，你大致可以找到你醉酒的时间和杯数，请注意，这里所说的"杯"，指一杯一点二五英两威士忌，或一杯四两红、白葡萄酒，或一杯十二英两啤酒。还有，以千分之一血液酒精作为酒醉的标准。

120英磅：一小时只喝一杯，你六小时内不会醉。一小时喝两杯，你两个半小时一定醉。

150英磅：一小时只喝一杯，你七小时内不会醉。一小时喝两杯，你三小时一定醉。

180英磅：一小时只喝一杯，你十小时内不会醉（不过你会困）。一小时喝两杯，你四小时一定醉。

这当然是指一般人，而且这当中绝对有不少例外。一个是，如果还记得酒是麻醉品的话，那人体会慢慢适应（入芝兰之室，久而不闻其香；入鲍鱼之肆，久而不闻其臭）。常喝酒的人在这方面比不常喝酒的人占点便宜。

酒量是可以练的，但也只能练到某一个程度而已。同时，这是你的身体在付出代价，而且代价不低。好，不管怎样，考虑到这一切之后，你大概可以计算出我在前面提到的第一个问题的答案了，至少你可以知道，以哪种速度喝酒，你还可以不至出丑失态，说一些你清醒之后懊悔的话。

至于第二个问题，要多久才能排掉体内的酒精，才完全清醒？酒一入胃，你就完全无能为力了。人工呕吐太丢脸，何况在赌酒逞能的时候，这等于是在作弊。只有靠陪酒过日子的人有资格这么做。无论如何，要多久才完全清醒，医学上肯定有更精确的计算方法。不过，照我个人的经验来看，假设喝酒有那么一个难于捕捉的"高潮"，那个没有醉但其快乐舒畅无比的时刻，那么从这个时刻算起，你完全清醒所需的时间要比你从开始喝到抵达这个高潮的时间稍为久一点。

我用高潮作为界线是因为，很简单，如果以酒醉为标准的话，你只有睡一夜才醒得过来，那就没有意义了，更没有意思了。所以，最后一个问题是，如何抵达高潮？

这个问题并不容易回答，因为这个高潮不像"那个高潮"那么容易下定义。用最简单的方法来衡量，如果我们接受千分之一血液酒精是美国的法定酒醉标准，那一般人喝酒的高潮是抵达这个界线所需的一半。让我再用上面用过的三个不同体重来举例。这虽然只是一个大概，但也差不多可以作为你饮酒的灯塔……好，喝酒的最终目的，喝酒的人所追求的理想境界——高潮：

120英磅：两小时三杯（我是说到此为止，而不是两小时三杯，四小时六杯……四小时六杯你非醉不可），或四小时四杯（到此为止）。

150英磅：一小时三杯（到此为止），或三小时四杯（到此为止），或五小时六杯（到此为止）。

180英磅：一小时三杯半（到此为止），或两小时四杯（到此为止），或三小时五杯（到此为止），或五小时六杯半（到此为止）。

这是喝酒的一个理想境界。但这个高潮也并不像"那个高潮"那么石破天惊、天摇地动。有的时候过了你可能都不知道。而且就算知道了，感觉到了，你也只不过经历一个有限期间的享受。一旦抵达了这个巅峰，假设你不再继续喝下去（而又有几个人真能守得住？），你大概可以过上一个小时的瘾，然后就慢慢清醒。问题是，清醒的过程比抵达高潮要久一点，而伤感情的是，清醒的过程没有抵达的过程那么令人舒畅，前者情绪上升，后者情绪下降。而且这一点比什么都重要，就算你三个小时抵达了高潮，而且不再继续喝，那你很可能在之后两个小时就感到完全清醒。但事实上，你并没有，这个清醒是假的，至少开车绝对还会受其影响。一点不错，喝酒容易消酒难。

我想正是因为消酒难才会有人不醉不归。因为酒在体内消失的过程中反而使你更烦，更闷（借酒绝对消不了任何愁），于是你就再来一杯，希望能再回到慢慢进入高潮过程中的那种舒畅感觉，但问题是，这个高潮一去不返。你永远无法再回到从前。除非你在真的完全清醒之后从头来过。那多麻烦！于是你就又来一杯……是高潮过后这一杯又一杯，最终送你进入醉乡。长远下去，还使你的肝硬化。

没有喝酒的时候，什么道理都明白，都可以说清楚。

可是除了酒仙之外，有几个人在享受高潮的时候还把持得住？酒是麻醉品，而麻醉的又刚好是支配理智的大脑神经。这真是人生享乐的莫大矛盾，莫大讽刺，莫大不公平。就在你喝酒喝得最快乐舒畅的时候，也正是你的大脑神经被麻醉到不那么理智的时候，而今天的科学饮酒行为守则（千分之一血液酒精浓度是法定醉酒标准！）却规定你就在此时此刻停止喝酒。

所以，酒戒归酒戒，还是随你便吧！人生一场，人生几何，为知音，为远方来的友朋，为自己的心情，为春分，为初雪，为任何你要为的……什么？瓶子空了？好！五花马，千金裘，呼儿将出换美酒！

下酒菜

丁帆

　　　　　让我恢复饮酒的契机还是碰上了抵挡不

　　住的诱人下酒菜。

　　到底是以菜佐酒，还是以酒佐菜？此乃一个酒徒性格使然之事。喝什么样的酒，就什么样的菜，那是有讲究的。有人在乎酒的优劣，有人却是追求菜的品位。一般说来，大凡真正的酒徒是不讲究菜的，一盘花生米，即可对付一顿长长的酌饮。酒与花生米几乎成为中国酒文化中红花与绿叶之关系。当然，倘若有一桌十分丰盛的美味佳肴，与众多知己一同畅饮，也并非不算一件快活事，可惜一般酒徒是难以夜夜开怀的。吾非酒鬼，更非酒仙酒圣之流，区区一普普通通之酒徒也，但我对下酒菜却是有着自己独特嗜好。

从小还不知酒滋味时，就在文学作品中受到了下酒菜的诱惑。也许是童年时代遇大饥荒缺肉少食的缘故，《水浒》中武松过景阳冈豪饮十八碗时切下的那几斤牛肉，远远超过了酒的诱惑；《铁道游击队》中王强在火车上与日本小队长一起喝酒吃烧鸡的情节，留在我童年记忆底片上的也只剩下那只被撕下的鸡大腿的特写，它在我童年的梦中屡屡浮现，那绕梁的香味直到梦醒时才袅袅散去；《红岩》中叛徒甫志高被捕前在磁器口为爱妻买下的麻辣五香酱牛肉让我垂涎欲滴，久久不能忘怀……或许就是因为童年饥饿所致，在我的饮食观念中根植了一种牢不可破的下酒菜理念：只有肉食才是下酒的最好菜肴。酒肉、酒肉，酒加肉才是宴，酒肉加朋友，才是酒徒的全部人生，这也是中国酒文化的精髓所在。

我的初次喝酒定格在"三年自然灾害"尾声的1963年。那年上演了电影《飞刀华》，大家争相模仿电影中飞刀扎头顶的险技。但是，一个个小顽主们谁也不敢做人肉靶子，我便逞能充当英雄，为了壮胆，就在家中的碗橱上开了父亲的一瓶四两装的39度金奖白兰地；没有下酒菜，就把母亲挂在窗口的那一串腌制的鸭肫一口酒一口肉地嚼掉了，事后才知道是生的，当时只感觉到酒的力量，却不知肉味。微醺，便豪情万丈，往大门前一站，双腿叉开，双臂伸直，呈大字形，喝道：来吧！那玩伴却手直哆嗦，始终没敢动刀子。我吼道：我酒也喝了，肉也吃了，你为何不动手？！在那个渴望做英雄的时代，似乎能够喝酒吃肉就是英雄的本色。

1966 年轰轰烈烈的"无产阶级文化大革命"开始了，"大串联"的第一站便是到了大上海。几个同学想偷偷喝点酒，商量了半天，就在淮海路的一家卤菜店里买下了上海人推荐的下酒菜：油炸麻雀！那时大家囊中羞涩，五分钱一只的麻雀，每人两只，在安国路的第四师范学校的教室当作宿舍的课桌上对饮起来。一斤劣质的瓜干酒四个人分，两只麻雀佐酒实在是没有什么肉感，一只入口，连骨头嚼下肚，毫无大快朵颐的快感。于是，我是一口酒一只麻雀，两口就喝完了酒，吃完了肉（两只小小而可怜见的上海下酒菜），就像没有吃东西一样，实乃酒不爽、肉无味也，谁知旁边还倒下了两个少年的同学。从此，喝酒就开始喝上了快酒，也对上海人的下酒菜有了一种偏见，这个偏见不久又得到了新的佐证。"文革"中期，我们的大院被上海的 9424 工程指挥部的砼制品厂占领，每天去开水房打开水，便可见一位外号名曰"老酒瓮"（上海话读"老酒榜"）的老头坐在桌子上不停地呷酒，他的下酒菜竟然就是几根萝卜干。这一口酒一口萝卜干的日子陪伴着这个老鳏夫度过了后半辈子，在别人看来，这也许是一个很悲惨的故事，而于他自己来说，或许就是一种苦中作乐的幸福生活。及至上个世纪的 80 年代末，我搬至大行宫的小火瓦巷居住，每天傍晚去羊皮巷菜场买菜，但见一个一口上海腔的老者坐在一张摆着八个装着小菜的酱油碟子的小桌子前，用他那只牛眼大的小酒杯一盅一盅地喝着，还不停用上海话自言自语呢喃着，直到菜场打烊，才收桌回屋。有一次晚上九点多钟路过菜场，他仍然笑盈盈地在那里喝着，那八小碟的下酒菜竟然没有怎么动过，老人是在炫耀什么呢？我突然悟到，在那个尚未脱贫的时代，于酒徒，尤其是身处生活逆境的酒徒而言，有酒浇愁就是最大的幸福了，何必计较下酒菜呢！从生活在底层的上海酒徒好面子的背后，我体味到的是一个时代酒文化的凄凉与辛酸。

真正爱上酒是下乡插队的时候，那时没有家长的管束了，在自由的状态中喝酒感到十分的幸福和轻松，真的过上了"今日有酒今日醉"狂放的酒徒生活，大约每个月都有一两次的买醉记录吧。因为当时知青下乡，第一年国家每个月补贴七元人民币，加上家境好的同学家里每个月汇来十元到十五元，足以过上无忧的财主生活了。每每逛到宝应县城，买下一串"手榴弹"（二两五一瓶的荷花大曲），切上一斤酱牛肉、一斤猪头肉、一斤猪口条（那是我最喜欢的下酒菜之一）、一斤油炸花生米，迫不及待地奔回家，开始"掼手榴弹"！我们定下规矩，按酒分菜，谁喝得酒多谁就有选菜权，且配额也多。我一气掼了两颗手榴弹，一下就把诸兄吓着了，从此，很少有人敢与我喝快酒了。两颗"手榴弹"下肚，我才开始一口酒一口肉地享受着美酒佳肴的妙处，让诸兄眼红得滴血。

博得海量的大名后，远近的朋友无人敢来拼酒，却是 1972 年在公社供销社搞"一打三反运动"时与一位转业军人拼酒时醉倒在山门前。那是一个冬日的晚饭时分，大家起哄让我喝快酒，赌注就是供销社库里特藏的两瓶西凤酒。但是，喝的却是"乙种白酒"，这种酒说白了就是工业酒精，连瓜干酒都不如。一斤酒倒在大茶缸里，限定在十口之内喝完，下酒菜是食堂里的一碗青菜烧肉。一大口酒，一大口菜，九口便喝完吃完，两瓶西凤酒就乖乖地躺在了我的桌上。然后打扑克牌，战至半夜十二时睡觉，可是凌晨两点半开始呕吐，那一大碗的下酒菜变成了赭色秽物喷涌而出，最后吐出来的竟是鲜血，抬至公社卫生院，直接往胃里灌了两瓶葡萄糖液，方才觉得燃烧的胃凉快下来，医生诊断：酒精中毒，胃肠毛细血管烧破。整整一个星期，闻到酒味就想吐，看到肉类就眼晕，每日是稀饭就萝卜干，完全失去了对酒肉的兴致。

这世上的酒徒之所以难改嗜酒如命的积习，大约就像吸毒者那样有瘾，那叫作酒精依赖症。从醉酒后的厌酒，再到恢复饮酒的"旧常态"，竟不足一个月。馋酒自不必说，想着的下酒菜更是离奇。插队时，每年春节回家时我都要买一些南京肉联厂的腊梅牌香肚带下乡，拿出蒸好切片的香肚做下酒菜，几乎成为我一生饮酒最享受的时刻。这种习惯一直保持至今，没有香肚，那种咸味的香肠亦可替代，再不济就是那种蒸出来的充满着乡土味道的大片五花咸肉做下酒菜，也就不枉长作饮酒人耳。后来我发现与我有同好的酒徒绝不在少数，且多为走过那段艰苦岁月的老人了。

"除却巫山不是云"，在没有肉佐酒的筵席上，我往往就会出状况。插队时曾经与大院里一起长大的发小去宝应县城里的东风饭店吃酒，他没有点卤菜，却点了一盘那时少有人问津的高雅的醉蟹。那是我第一次吃生冷菜肴，以此做下酒菜，真是不过瘾。尽管有炒肉丝和花生米，但是总觉得寡味，胸中郁闷，喝了不到半斤就醉意蒙眬了。1994年参加徐中玉先生主编的《大学语文》的修订版会议，通稿会在温州召开。那日，他们的弟子，温州市文化局长请客，满桌的海鲜就是提不起我的酒兴。因为无肉，我就干脆不喝酒，只吃海鲜，禁不住一帮上海老先生的劝，我便吃下了许多毛蚶。谁知道，就因为没有喝酒，那带有甲肝细菌的毛蚍让我在半个月后发作,沉疴一年。从此,十年间就很少饮酒了。馋酒是自然的,但这点控制力还是有的,即便是五十年的茅台也诱惑不了我。

让我恢复饮酒的契机还是碰上了抵挡不住的诱人下酒菜。大约是十年后的一天,我们一行三人开车去皖南山区,在歙县的一家路边店里偶遇一道土菜,名为"刀板香",就是蒸熟的五花咸肉,一口咬下去便满嘴流油。那久违了的带着原始腊香味的肉味,久久萦绕穿行在口舌齿间,三时不绝。遇上这么好的下酒菜,不痛饮黄龙,岂不枉来这人世间。于是,肉作媒,便让我二次再归酒徒之路。

多少年来,随着经济的日渐富足,人们经历的酒宴是难以计数了,吞食的山珍海味也是数不胜数,有些地方流行的下酒菜竟然是"穷吃肉,富吃虾,领导吃王八"。可是,留给我们这一代人的食物记忆却永远是一种苦中作乐的酒文化底蕴。

所以,我的下酒菜还是离不开一个"肉"字。

2016 年 1 月 16 日草稿,1 月 17 日修改

喝在酒厂

王慧骐

> 厂长说，把你们当自己人了，繁文缛节
> 的全没了。

那是1988年的10月，其时我在省城编一本青年刊物。有一位同事参与了出版社的一个选题，组织采写一批当时较有影响和实力的企业家。这个同事找到我，想让我当一回写手。说地方不远，就在苏北的泗洪，找好一辆车子，当天去当天回。我问写谁，他说洋河酒厂的厂长。

早不见晚见的，我没好意思拂这同事的美意，跟着他去了。几个小时的颠簸，一路上昏昏欲睡；后来被车窗外飘来的酒香熏醒了，说是洋河镇快到了。

进到厂里，见过厂长，那厂长室小得坐不了几个人，煞是简陋。厂长姓梁，名邦昌。广东人，矮矮的个子，方言很重。大学读的食品专业，先是分配在省轻工厅，后受组织委托，下到彼时还很荒凉的这个苏北小镇来搞酒厂，一呆就三十年。我见到他的时候已五十多了，从一个少年小伙子变成了个小老头，但却生生把这么个厂子搞上去了。规模和效益什么的，在当时的白酒行业据说已坐了第一把交椅。厂里有员工近三千，每年奉献的佳酿达万吨以上。印象中，厂长人挺朴实，也低调，一再说没啥可写的。既来了，看看工人们是怎么做酒的吧。

聊着聊着，饭点过了，说将就着在食堂随便吃点吧，我们也就不客气了。那一刻成批的工人想已用过餐了，食堂里还有零星不多的几个。拣一张靠窗的四仙桌坐下，厂长让人炒了几个菜。饭都盛上来了，忽有同行的人中冒了一句，说到酒厂来采访，多少也该喝一口吧。于是见人拿了个陶瓷的茶壶，去旁边不远处，拧开一只龙头，那酒像自来水一样地装到壶里拿过来。厂长说，把你们当自己人了，繁文缛节的全没了。这酒从生产线上引一根管子直接过来，不过请放心，严格检验过的，不会有任何问题。

这顿酒我们喝得蛮新鲜，还有几分从未有过的好奇心的满足。

回去后我颇生感触地写了篇采访记。记得当时银幕上正在放映张艺谋导的《红高粱》，我写给这位梁厂长的标题便唤作《酒之神》。

香港的酒吧

王璞

> 她听我说一天到晚过着报社和家两点一
> 线的生活，就说那不行的，那你永远也不会
> 了解香港。

提起香港的酒吧，人们第一想到的是中环兰桂坊。其实兰桂坊的名气是对本地鬼佬而言。那是最多本地鬼佬出没的酒吧，以至于在兰桂坊那些大小酒吧里，通用语言不是粤语也不是国语，而是英语。

其实要体验香港真正的酒吧风情，湾仔酒吧街是个好去处。

所谓的湾仔酒吧街，指的是骆克道、卢押道和谢斐道酒吧街那一带。在那里，大大小小的酒吧夹杂在一些中小食肆之间，那情景总让我奇异地想起混杂在邻家小

妹中间的风尘女子。当时我初到贵埠，每逢从那一带经过，总不由得加快脚步。当时我对酒吧的印象都来自革命电影。在那些故事里，酒吧是个罪恶衍生的黑暗地方，在里面出没的人物不是特务黑帮就是陪酒女郎。

记得初次走进其中的一间酒吧，是跟一班朋友一起。大家在附近一间酒楼饭叙了一回，还不尽兴，一朋友便道："不如去酒吧街找个地方接着聊。"

我心下暗自一惊，但转念一想，也好。趁机也来体验一下酒吧生活。再说这班朋友皆正人君子，又多是本地人，想来也不会让我陷入太大的危险。

谁知进去一看，竟完全不是想象中那般风景。

相反，比起刚才喧嚣的的酒楼，这里竟好像一片静土了。幽昧的烛光，悄悄的人语，悠悠萨克斯乐声在其间轻轻流淌。还记得那是肯尼·金的《回家》。那样的轻柔，那样的安静，让那些散落在吧台边和厢座里的人影也都沐浴在和平宁静中了。

我们拣了个窗边的桌位坐下，一名侍应轻轻走过来，把各人叫的酒一一送上。大家便慢慢呷着自己的一杯酒，继续先前的话题。刚才有点激昂的声音，在这样的环境里也不觉放轻了，耳语般的温柔起来。

住在港岛那段日子，我心情不太好或是特别好的时候，便也会独自走来这里，叫上一杯马天尼或是蓝月亮，在角落里坐上一两个小时。

比起兰桂坊，这里的消费低多了，所以是香港本地人和熟悉香港的外国游客最爱。五六十年代，韩战和越战时期，因离海港比较近，这一带是美国大兵聚集的场所。战后军舰不来了，这里便萧条了很多。

但萧条有萧条的好处，不那么吵闹了，风尘女子少了。街道乐得安静，内向了一点，收敛了一点。只有美国航空母舰来港停靠的日子，才又到了此地酒吧老板们的节日。街上游走着成群结队的美国大兵，所有的酒吧都爆满。爵士音乐、乡村音乐从四面八方的门窗里流泻出来。不过那些水兵不是当初那些爱搞事的兵大爷了。相反，与一般酒吧客相比，他们更大方，更豪爽。在海上漂流了那么久，上了岸就好像没有明天似的，恨不得把口袋里的钱一夜吃光喝光。

平常的日子里这些酒吧街很安静，一些店堂还是开放式的，不想进去饮酒的游客，也可走马观花地在这里体验一回香港酒吧文化。

尖沙咀加连威老道和金马伦道一带，也有不少酒吧。有些从中午十一时就开门营业，兼作午餐生意。有时我在那边独自逛街，腿酸兼口干之际，便在赫德街上一间开放式小酒吧坐下来，要杯啤酒歇一歇。

有一天，正午时分，店堂里除我之外，只有一名着件吊带裙装的鬼妹，正静静望着小街，面前有一杯喝了半杯的血红玛丽。小街上也是静静的，比起刚才弥敦道、金巴利道一带的熙攘，这种安静格外稀罕。我就坐在那里，抿着自己的啤酒，望着街上步履闲适的行人，一个两个地悠悠地荡过街角，荡到那后面漆咸道的闹市里去。一时竟有不知此身何处之感，久久地，久久地，不想起身。

不过初来香港的那几年，我去得最多的还是九龙酒店二楼的那间酒吧。那时我和作家程乃珊在一位朋友家相识，她听我说一天到晚过着报社和家两点一线的生活，就说那不行的，那你永远也不会了解香港。她说她有位朋友常邀她去九龙酒店饮酒聊天，邀我也去参加。

九龙酒店地处香港最热闹的广东道。她那位朋友因去得多，跟侍应们都熟了，得以在靠窗的厢座据有一个"老地方"。靠在软软的沙发里，我看着夜香港从窗外漫过。下望是都市的繁华，上望是夜空的幽静。点上一杯酒，要上一两样小食，三个人的消费两百港币有找。周末的晚上，还有不额外收费的自助零食。

九点钟左右，年轻的菲律宾歌手出现在乐台那边，一般是一男一女，唱的大都是抒情慢歌，轻轻的音乐，静静的歌声，仿佛是我们那有一句没一句的闲聊之伴奏。我总是要一杯嘉士伯啤酒，感觉着那略带苦味的清凉饮品慢慢渗入到劳累了一天的身体里，心中竟有了回到摇篮似的安宁。

那几年有能饮一两杯的朋友来港旅游，晚上我总爱领他们去那里喝一杯。后来把孩子接到香港，家务事缠身，就不再去了。如今乃珊已先走一步去到彼岸世界了。每逢我夜晚到了尖沙咀那一带，总要到那间酒店大厦外面走一走，往上看着那一个个灯光迷离的窗口，就会想起她，她的友爱眼神，她的爽朗笑声……

不知那酒吧如今是不是还在那里？菲律宾歌手呢？也已经老去了吧？

得造花香

王跃文

倘若说茶是居家日常，酒则是关乎大事的。

我的老家溆浦，自古重茶酒二事。乡间的堂屋，不叫客厅或起居室，喊作茶堂屋。吃饭、待客、小憩，冬天烤火、熏腊肉，都在茶堂屋。坐在这间屋子，自然是要喝茶的。有客登门，一面喊坐，一面倒茶。人随贫富，或由丰俭，有茶无茶并不要紧，新鲜井水也要舀来献上。

倘若说茶是居家日常，酒则是关乎大事的。任何宴事，都说是做酒。生日做酒，结婚做酒；红事做酒，白事也做酒。人问："你明年大寿，做酒吗？"答曰："做酒做酒，请你吃酒啊！"哪怕乡下打赌，也常会说："我要是输了，请你吃酒！"

溆浦善饮者多，或许同出产有关。那方山水盛产水稻，亦出红薯、包谷、高粱、荞麦等五谷杂粮，还产甘蔗，山里更生长各色杂果，都是可以拿来酿酒的。乡间多有能人，善酿各种各样的酒。自小记得有种"阿板籽酒"，很受男子汉们喜爱。一种荆藤，开大朵大朵白花，叫作打烂碗花。说的是人若摘了这种花，吃饭易打烂饭碗。这种荆藤结的果子叫"阿板籽"，就是书上说的金樱子。"阿板籽酒"醇香，且有回甘，男人劳作一天，喝上几杯很松筋骨。不过，"阿板籽酒"是很珍贵的，节俭而又重礼的人家，定要藏着招待客人。

男人们平日常喝的是甘蔗酒。溆水两岸开阔的沙地，从夏到冬都长满了甘蔗。小孩子都喜欢在甘蔗地里玩，想象那里是烽烟四起的青纱帐，还可以躲在里面偷甘蔗吃。初冬开始，甘蔗地每隔三五里，便有一处糖坊。十几根杉木搭起三角尖顶的架子，盖上稻草便是糖坊了。甘蔗糖熬完就拆掉糖坊，来年再去搭建。我们队上的糖坊却是瓦屋，很是让人羡慕。那糖坊只有冬天派上用场，平时都是闲着的。男孩子打仗，女孩子踢房子，都喜欢去糖坊。扯猪草的孩子，背篓往糖坊一放，就只顾着玩去了。眼看着时候晚了，才匆匆忙忙钻进棉花地或柑橘园去扯猪草。遍地都是可作猪草的野菜野草，可小孩子们总是很难扯满一背篓的猪草，于是在进屋前放下背篓，将只有大半篓的猪草扒得松松的垒起来。娘接过背篓，忍不住笑骂："你这猪草是弹匠师傅弹过的啊！"那时候，乡间常可看见弹棉花的弹匠师傅，肩上扛着长长的弓。

甘蔗糖还没熬完，就开始蒸甘蔗酒。堆放些时日的甘蔗渣开始发酵，成了蒸酒的材料。高大的木蒸桶日夜冒着白气，酒香和糖香飘去好远，村里的人都闻得见。这时候，学校放了寒假，男孩子们天天守在糖坊。热气腾腾的糖坊比家里暖和。小男孩们时刻都像偷儿，想着偷糖吃，偷甘蔗吃，偷甘蔗酒喝。蒸酒的师傅看出我们的心思，用酒提子舀出酒来，笑道："来啊，醉得你摸门不着！"小孩子们一哄而散，就像晒谷坪边被赶飞的小鸡，想再回去偷谷子吃，又害怕主人手里的竹竿。过一会儿，孩子们又围到蒸酒师傅跟前去了。

蒸完最后一锅甘蔗酒，雪就下来了，过年也近了。

酒是队上的，谁家想要就打几斤，年夜饭就更显热闹团圆。男人们的甘蔗酒喝得脸红了，来年的好日子就全拥到眼前来了。"明年要新添两封屋！明年儿子要把媳妇收了！"平日男人喝了酒吹牛，婆娘会讲他喝了"马尿"话就大了，吃年饭时婆娘会笑眯眯地任他讲去，还会陪说许多吉祥的话。

正月里，亲戚间要相互请吃酒。我家的规矩，除了请亲戚，父母还请他们的朋友。晚上坐在茶堂屋烤火，娘会说明天请哪几位客人来屋里坐坐。亲戚是不用说的，说到每一位朋友，爹或娘便会说，这人如何的好，又是在哪桩事上如何的仗义。第二天，我和姐姐、弟弟，都被打发出去请客人。"叔啊，我爹喊你坐一下。"我说。"我不去，我不去！"叔或许正在忙着，或许坐在茶堂屋烤火。我就开始拉人，先拉叔的手，大人的手小孩是捉不住的，又开始拉叔的衣角。叔忙捉住我的手，笑了起来，讲："好了好了，莫拉了莫拉了，衣要扯破了。等我换换衣服。"叔进里屋去，很快又出来了，边走边低头拍衣襟、拍衣袖。衣服并没有换过，只是做做样子。讲究的叔叔或姑姑，一路上不停地拍衣襟、拍衣袖，进我家门前，一边讲"莫客气啊"，一边还在拍着衣襟衣袖。妈妈早迎了出来，也拍着衣襟袖子，笑道："哪里客气！又没有什么好菜，只请你来坐坐。"

有一年正月请吃酒，爹拿出两瓶竹叶青。乡下人没有喝瓶子酒的，从队上打的甘蔗酒喝完了，就去大队代销点打别的散酒。竹叶青是外地酒，客人们看得极稀罕。隔壁屋的礼叔讲："哦！这么好的酒！哥你本来就不是喝散酒的命！你要是不背时，天天喝瓶子酒！"

爹原本是个读书人，因言获罪回乡当了农民。礼叔这话爹是不能接腔的，只是笑道："这两瓶酒我藏了好几年了，喝吧，喝吧。"

"哦，药酒，药酒，肯定很补！"

"这么好的酒，舍不得大口大口喝！"

客人讲酒好，娘自是欢喜，不停地往火塘里加青炭，茶堂屋热烘烘的。

礼叔问："竹叶青是哪里的酒？"

爹说："山西杏花村出的，上千年的老牌子。那时我还在工作上，去山西看过杏花村。那是个大酒厂，老远就闻得酒香。"

"山西好远啊！我们王家都是从山西三槐堂出来的。"礼叔也读过几句书，他是看过家谱的。

爹喝酒话多，就又讲竹叶青："刚清朝的时候，山西有个读书人不肯在清朝做官，也不愿意织辫子。他就当了道士，又学了郎中。这个读书人把竹叶青古方重新调过，又好喝又养生。这个人叫傅山。我在杏花村见过他为酒厂写的四个字。"爹说着，拿手指蘸了茶水在桌上写道：得造花香。

礼叔歪着脑袋看了半天，问："怎么解？"

爹说："竹叶青造得像花一样香嘛！"

大半夜，客人们走了，茶堂屋冷清下来。爹酡红着脸，望着两个空酒瓶，跟娘说："竹叶青，你也该喝一杯的。"娘没喝酒，脸也是红扑扑的，笑眯眯地说："我喝一杯，客人就少一杯了。"

也谈饮红酒

施亮

> 我喜欢它，是由于红酒的度数低，犹如
> 喝黄酒，饮下一大杯也不过是醺醺然的半醉
> 而已，我以为这才是喝酒的最佳状态。

我开始品尝干红葡萄酒，是在上世纪 80 年代。有人送父亲两瓶法国勃艮第的干红葡萄酒，父亲开瓶后也给我倒了一小杯，他对我说："这个酒度数很低，不醉人的。在法国路易十四时代，还被当成保健品，对身体是有好处的。"我品尝了一杯，很奇怪葡萄酒却无甜味，口味酸酸的，并不很喜欢喝。

1996 年 3 月初，我去法国凡尔赛市探望在那里医疗中心进修的妻子付研，住在那儿近三个月。我们住的那幢小楼里住着一些来进修的外国住院医生。楼下有一个

大食堂，食堂灶火上经常摆放着一些做熟的菜，冰箱里则放了许多肉类、蔬菜和鸡蛋，谁要吃就自己做了吃。大冰箱里还放了几瓶法国干红葡萄酒，我们就经常在餐前喝上一杯。那些酒的质量中等，多是法国波尔多产的干红葡萄酒，三年到五年的。

妻子常常要在医院里值夜班，我有一段时期时差没有倒过来，夜里经常患失眠症，红酒就成了我的爱物。我在睡前必定要在食堂喝一杯红酒，再吃一点儿沙拉，又去看一会儿电视，然后才醺醺然回到屋里。我在楼下喝红酒时，还结识了住在同层的几个巴拉圭医生。我们彼此语言不通，便借助着手势沟通，哈哈笑着，快乐无比。他们有时在灶上煎荷包蛋，也顺便给我煎上两个。我则不住地摇晃着晶亮高脚杯里的红酒与他们频频干杯，使得那几位巴拉圭医生变得异常活跃兴奋，不住地使劲拍着我的肩膀，做出各种怪样子，打着各种手势，还指着墙上壁画上那些赤裸男女们嘎嘎笑着。后来，我才知道壁画上的每一人都确有其人，其中的两人就是两位在座的巴拉圭医生。

妻子要开展一些社交活动，常常带我去法国朋友家吃饭。这是一桩苦事，我实在是吃不惯法式烹饪方法的菜肴。一是这些菜的奶油味道太重，奶腥气几乎是冲鼻而来；二是他们做的鱼虾等菜也是腥味太重，且不放调料，据说是为了保留鱼虾的本来味道；三是菜肴里的肉类大都是化学饲料催成的，无论牛肉、猪肉，咀嚼起来如嚼锯末；而那些调味品如胡椒、芥末、鱼子酱则味道太冲，我很吃不惯。但是，我坐在宴席上也不能不动刀叉，妻子还不断朝我使眼色，为了社交礼节，怎么也得把那些菜肴塞入嘴里，否则就是对主人家的不尊敬。我就一边强咽下那些菜肴，一边大口喝红酒往下压。此时，红酒又成了我的恩物，它能冲散我嘴里残留的那些稀奇古怪味道，帮助我保持一副彬彬有礼的绅士派头。

说实话，我至今也未能真正精细地品味出红酒的醇厚味道。我喜欢它，是由于红酒的度数低，犹如喝黄酒，饮下一大杯也不过是醺醺然的半醉而已，我以为这才是喝酒的最佳状态。而且，酒醒后头也不疼，胃也不难受，不会给自己惹来无谓的苦恼。有人说，在啜饮高级红葡萄酒前，不要匆匆即喝，先要嗅一嗅其中的香气，可以闻出焦糖味、树木的气息，或果香味道。譬如，曾经被《纽约时报》称为"世界最有影响力的葡萄酒评论家"罗伯特·帕克就精通品酒艺术，他评价那些名酒时，便时常描述道：Oaky（橡木味）、Vegetal（青菜味）、Herbaceous（青草味）、Backward（晚熟）等，已经成为了品味名牌干红葡萄酒的流行用语。一位友人请我品啜一杯高级红酒，并且不住问我："你闻一闻，是不是有一股橡木味儿？"我嗅一嗅，点头道："是的，是有一股橡木味儿。"其实，我自己也不清楚橡木味儿是一股什么味道，他说是我也就说是了，不过人云亦云而已。而且，那些随着罗伯特·帕克一起嚷的人们，酒里是这个味道那个气息呀，可他们真的能嗅出其中那些微妙的植物或大自然的气息吗？我内心其实是颇存疑问的。据说，就是那些著名的葡萄酒品尝家也难以仅仅通过嗅香气、尝味道来辨别酒的品格，因为即使是拥有最杰出味蕾的人也会栽跟头的。1972 年，西方曾经出现了"葡萄酒门"事件，五家经营葡萄酒的巨商将普通的餐酒伪装成法国法定产区 AOC 级别来销售，此丑闻传出，法国波尔多葡萄酒的行情大落，价格大跌。后来，在法庭上，法官询问涉案的一名酒商："你在试饮的时候，为何喝不出那瓶酒不是波尔多 AOC 级别的葡萄酒？"那个酒商说出了真话："这谁能喝出来呀？"

现如今喝红酒已经成为一种时尚，与其说人们喜欢喝，倒不如说是跟风喝。最近，美国的《华尔街日报》曾经有一则报道，说是一位爱喝酒的人专门贮存了几箱子干红葡萄酒，皆是 1989 年份的法国波尔多一级酒庄产的，他购买时不到 200 美元。可放了许多年之后，该款酒的零售价已经涨到了 1.2 万美元以上了。尤其是进入了网络化时代的葡萄酒拍卖行为，使得地处偏远的名酒藏家与投资者也可以进行交易，类似的故事也不是新鲜事了。

然而，真正能欣赏酒的人，能够感受出酒的品味的人，他们喝的是酒的味道，注重的是酒的品格，是不会跟着那些炫风去转的。